名著に学ぶ
地域の個性

5

〈歴史と社会〉

日本農業の発展論理

野田公夫

農文協

はじめに

本書の課題は日本農業の歴史過程のなかからその発展論理を抽出することであるが、念頭にあるのは「グローバル化時代をどう受け止めるのか」という問題意識であり、より直接的には、「強い農業をつくる」「必要なのは構造改革」「成否の鍵は市場原理」などという、いわゆる「農政ビッグバン」の主張の妥当性を、長い時間軸のなかで再検討することである。現代の課題を(あまりにも)直截に意識しているという点で、他の四巻とは性格を異にするうえ、歴史研究としては「逸脱」である。

一

それにしても、最大の農政課題と位置づけられた構造改革が「容易にすすまぬ」と嘆かれながらすでに半世紀を経過した。この失敗は本当に「市場原理不足」のためだったのか、「市場」のなかに投げ出せば「強い農業」はできたのか、そして「強い農業」と「活力ある農村」とは同じなのか――。東日本大震災後に多発された「想定外」とは、自分で決めたこと以外は「考えない」ことだったと、フクシマにかかわる「事故調査・検証委員会中間報告」は述べた。半世紀にわたる構造改革失敗の原因を根本的に掘り下げる努力をしないまま相変わらず「市場原理」しか言わないとすれば、私たちもまたフクシマと同様の「視野限定」のなかに置かれていると言われてもしかたがないのかもしれない。

むろん日本は、孤立して、世界の理解なくして存在することはできないが、決定的な障害は「世界」それ自体ではなく、「世界」において主張すべき自らの論理を欠いていることであるようにみえる。欠けているものは二つ、〈日本農業の個性に対する深い自己認識〉と〈かかる論点を「日本の特殊性」ではなく「世界論・世界像」の一部として提示するという視野と意志〉である。

二

現代世界すなわちグローバル化世界においては、「可動性」こそが「新しいヒエラルヒー」であり「もっとも強力で、もっとも熱望される要素」であるというバウマンの卓抜な指摘がある。(1)「可動性」(移動する自由)とは自らの利益を最大化できる地球上の場を自在に選びとる力のことである。世界市場を掌中に収めた「世界企業」と世界を舞台に活躍できる「世界的個人」(世界エリート)こそが、かかる「空間の戦争の勝利」者である。グローバル化は、これらの少数者に破格の富を集中させる一方、「移動する自由」を大幅に制約された圧倒的多数の人々を放置し、エンドレスな貧困化に陥れていく。そして、「移動する自由」をもたない最たるものが「大地のうえに営まれる小規模農業」であることは言うを待たない。

さらに東日本大震災は、〈動くことができない大地、そのうえで営まれる農業〉と〈五感により感知不能なまま拡散し続ける放射能〉という「理不尽な対比」を否応なく明るみに出した。「理不尽」としか言いようがないのは、「動けないもの」「逃げられないもの」すなわち大地に根差す農業と農村にとっては対処不能な一方的打撃であったからである。他方、「現地に行かない指導者たち」と「再建は海外シフトで」とさらりと述べた大手企業――。彼らはすべて（必要があれば自由に）「移動可能な人たち」であった。この人たちと「移動できない人たち」との距離はまことに大きいと言わなければならない。

三

自身の「直感」を信じて言えば、世界の豊かさは「多様なものの相互補完」として以外には形成できない。普遍主義でも例外主義でもなく、諸事象を「多様な世界の相互性」として位置づけ論じうる思想が「世界の現実」のなかから抽出され、「新たな世界観」として定着していく――求められているのはこのようなことであると考えている。かかるビッグ・イッシューに真正面から取り組むことはできないが、日本農業の個性を見つめること、およびそれを可能な限り世界のなかで位置づけることを通じて、農業問題という側面から「世界を類型的差異の集合」としてみるための初歩的な試みをしてみたい。それは、日本農業に即して言えば、農業をめぐる世界政治における一つの対抗論理（棲み分け方）を構成していく営為にもつながるのではないかと思う。

本書ではシリーズ名に反し古典的業績（名著）の検討に取り組んでいない。むしろ先人の業績と評価は他の巻の成果を前提にして、これまでの農業史研究の成果を咀嚼することを通じて「日本農業の個性」

（発展論理）を明らかにし、それを基準にして未来につながる諸論点を考えてみたいのである。本書は現代農業問題やグローバル化をめぐる諸問題に対する日本農業史研究（者である私）の葛藤であり、現時点で可能だと思われるささやかなメッセージにすぎない。

二〇一二年一月

野田　公夫

注

（1）　ジグムント・バウマン（澤田眞治・中井愛子訳）『グローバリゼーション――人間への影響――』（法政大学出版局、二〇一〇年、八二～八三頁。原著刊行一九九八年）。なおバウマンが「移動の自由」を獲得した資本を「不在地主」と類比していることが興味深い。在地性を捨てることによって成立した「不在地主」の関心は「余剰生産物」を入手することのみであり、「彼らを食わせている住民のニーズを顧み」ることはない。「二〇世紀後半の可動資本」も同じであるが、彼らはすでに「不在地主がついに得ることができなかった不安と責任からの自由」を獲得している。また、現代の「グローバル化」は世界規模での「無秩序化」であり、「秩序構築の希望と意図と決意」を含意する「近代の言説」である「普遍化」とは根本的に異なる、とも言う。私自身は類型的個性の存在を認めない考え方をしばしば「普遍主義」とよんでいるが、バウマンの言うことはよく理解できる。「個性をみない普遍主義的競争が無秩序に帰結する」のであり、両者はそのような相互関係にあるものなのであろう。

目　次

第一章　現代農業革命と世界農業類型　49

第二章　日本農業の農法的個性——農業発展における自然の規定性　77

四　残された課題　275

序章　歴史と現在をつなぐために
——三人の証言とコメントを素材にして

はじめに——課題と構成

（1）課題

本書の課題は日本農業の発展論理を明らかにすることである。念頭にあるのは現代日本農業が直面している構造改革の困難であり、この困難を「市場原理の不足」に帰して思考を止めるのではなく、日本農業の個性認識、したがってまた日本的な対応論理の解明につなげることへの期待である。本書が扱うのは、構造改革の困難が集中的に表れている土地利用型農業とりわけ水田農業であり、地域的には歴史的個性を異にする「北の大地」北海道と「南の列島」南九州以南を除く、本州を中心とする中央地域である。(1)

前世紀後半から中軸的な農業政策としてクローズアップされてきた農業構造改革は、WTO（World Trade Organization 世界貿易機関）体制の成立とグローバル化気運のなかで、あたかも〈世界標準〉(2)であるかのような強制力を帯びてきたが、その過程で、世界農業には構造改革への適応力に大きな差があることも明瞭になってきた。むろん、「変わらないこと」に意味があるというわけではない。むしろ、「変わらないもの」など、どこにもないであろう。問題は、変わる「内容」と「スピード」および「ヘゲモニー」である。〈世界標準〉としての構造改革は、「内容」的には〈世界市場に耐えうるまでの規模拡大〉、「スピード」は〈すでに待ったなし〉とされ、「ヘゲモニー」の所在は〈強制性を帯びたWTO体制〉である。経済的にはネグリジブルな農業の扱いが、世界政治のなかで大きな問題であり続けるのは、〈世界標準〉に極めて馴染みにくいうえ、依然として経済的価値にはカウントされていない／できない役割が数多あるからであろう。

本書では前者の論点、すなわち世界農業は多様であることを示しつつ、そのなかで日本農業がまとってきた特質を明らかにすることを課題とする。なお、後者について言えば、コスト・ベネフィット分析により付与されていた「正当性」が恐るべき虚構に支えられていたことを〝フクシマ〟は悲劇的に示した。フクシマにおける「クリーンエネルギー原発」と「大地に根差す農業」には正負真逆の、そしていずれも「経済的価値にはカウントされていない」「想定外」の「価値」対照性があったことが衝撃的なかたちで露呈したと言えようか。

自然に依拠する農業が多様性をもつことは古くからの「常識」であり、これ自体は新しいテーマではない。しかし、近代化すなわち技術革新(化学化・機械化・バイテク化および情報化)と市場の世界化にともない、この多様性は漸次解消・平準化していくものとみなされていた(それは半ば事実である)ために、それは今や「過去の関心事」に転じたのであり、ついには農業においても〈世界標準〉が農業をめぐる世界政治における「新しい常識」となったのである。本書の課題は、かかる時代において再度農業の個性を語ることであるが、その叙述を現代農業革命が世界農業に鋭い分断を持ち込んでいるという事実の確認から始めたいと思う（第一章）。

（2）方法と構成

続いて日本農業発展の論理を、三つの側面の相互関係において考察する。

第一に、言わば農業内在的な基礎条件として〈「自然」の規定性〉がもたらす農法的個性を検討する（第二章）。農法的個性とは、言わば当該農業の強み・弱みと発展形態の特質および選択可能性の幅などを示すものである。人工的につくられた閉鎖空間で営みうる工業とは異なり、自然との関連を絶つことができない農業では、長い歴史過程のなかで生み出された風土個性的農法は、いくら科学技術が進歩しようとも、絶えず参照されるべきものであり続けるからである。

第二に、〈「社会」の規定性〉として農業主体（農村社会）の存在形態をとりあげる（第三章）。農法は農村社会（小農制農業においては農業主体性のあり方でもある）に大きな規定力をもつが、形成された農村社会もまた農法のあり方に強い反作用をもたらすからである。私は近代日本における農業主体の可能性が最も豊かに示されたのは大正期だと考えているので、大正期農村社会運動を通じてその内容を明らかにしたい。なお第四章では農地改革を扱った。戦後農地改革は大正期農村社会運動の一つの結論という意味をもっている。ここで何が解決し何が解決しなかったのか、あるいは何が回復し何が忘却されたのか——。日本における農地問題の性格を再確認するとともに戦後という新しい時代への見通しを整理したい。

第三に、〈世界経済におけるポジション〉がもたらす影響を考えたい(第五章)。具体的には、日本の世界市場参入時期が規定する外部(国際)環境の特色とそれへの対応形態がもたらす諸問題であり、本書では「中進国」性と表現した。現実の農業問題は、農法・農村社会という言わば農業内在的な要因のみならず国家(政策)により大きな影響を受けるが、それが新たな構造(政策的与件)を生み出している側面を重視したいのである。さらに本章には、農法展開(第二章)・社会の対応(第三章)・農地問題の顛末(第四章)を、日本の置かれた中進国的ポジションから位置づけ直す役割ももたせたい。なお補章として、本書の構想に大きな影響を与えたE・トッドの世界類型論の意義と農業問題・日本問題への応用につき記しておいた。終章は以上の諸章から導き出される結論である。

なお本書は、農業問題を扱う目的科学たる農業経済学に対し、相互に関連する三つの方法論的提起を行なうものでもある。[3]

第一は、農業問題把握における「社会」という要素の重視である。これまでも「社会」が無視されてきたわけではないが、その能動性を十全に位置づけえたとは言えなかった。しかし、経済現象は「社会」において発現するものである以上、「社会」の側からの反作用は避けられず、したがって各々の「場」(国、地域)における発展パターンには明らかな相違がもたらされることになる。このことを「標準(理論)からの偏差」として処理するのではなく、言わば「本源的」な問題として方法論的に位置づける必要があるのではないか。

第二は、歴史的視点の重視である。それは、「経済」が現象する場である「社会」とは歴史的産物にほかならないこと、言い換えれば「現在」とは「歴史的現在」でしかありえない（歴史に基盤をおかない現在はありえないということである）ことが要請する視野である。

第三は、類型的認識（類型論）の必要性である。第一・第二の論点も含み込んで、方法論的提言の核心をこの一文（類型的認識の必要）で表現することも可能である。もちろん経済学は、これまでも現実の差異に対して注目してきたのだが、それは基本的に「タイムラグ」（発展の遅れ）の問題として理解する傾向が強かった。そしてタイムラグが克服される将来には、経済学に独特の思惟であるタイムレス・プレイスレス・ジェンダーレスの世界、すなわち市場原理が障害なく貫徹する効率的社会が生まれることが想定されていたようにみえる。このような思惟は、時間・場所や性差により分断された旧時代のセクショナリズムを打破するうえでは大きな積極性をもったが、すでに主題がグローバル化に転じた現在では、むしろネガティブな側面を拡大させている。少なくとも中長期にわたり持続する差異、すなわちタイムラグとしてとらえては見失う諸論点を、社会事象に対する各々の対応形態の差として類型的に把握する観点が必要になっていると思うのである。これまで修飾語でしかなかった（＝理想をゆがめる摩擦とし か理解されてこなかった）「社会」および「個性」という論点を、主語として（＝意図して強い表現をとれば社会現象の「本質」として）論じることが求められているのではないか。超短期（相対主義／機能主義）と超長期（本質主義）の二項を意識的に退け、中期（社会事象のリアリティ）というタイムレンジにおいて問題を設定しそれを見つめることができる方法論的革新が求められているのではないかと思うのである。

一　小倉武一の述懐(反省的回顧)について考える

1　「日本の現実から立論できなかった」という反省

まずは、基本法農政の中心人物の一人であった小倉武一[4]の述懐(小倉一九八一〜一九八二)から、いくつかの論点を拾いたい。東畑精一会長のもとで農林水産技術会議・農林漁業基本問題調査会事務局長を務めた小倉は基本法農政立役者の一人である。日本農業再生のための構造改革を強く希求した人物による「反省」には振り返るべき重みがあるだけでなく、後学の私たちにとっては振り返るべき責任もあろう。

以下に示すのは、農業基本法制定後二〇年余り経過した頃の、小倉の反省と回顧である。

①……農林漁業基本問題調査会が設置され東畑博士がその会長に選任されるときには、官房審議官を兼ねてその会議の事務局長となった……東畑会長の考えを踏襲して農業の産業化ないし企業化を調査の中心命題とした。そして、自立経営農家等を構造政策の柱の一つにしたのであったが、私は西欧の考え

方に眼を奪われて、柳田国男さんの「中農養成策」《ママ》(一九〇四)の存在を知るに至らなかったのである。のちに私はこれを読んで、そのよう政策の諸施策の先駆的構想に一驚したのであった。(小倉一九八二b、八〇頁。初出一九八二。傍線野田、以下同)

②……基本法の誕生は幸多いものではなかった。……「貧農首切反対」が社会党、日農、全農林のスローガンであった。その反対は、必ずしも地についたものではなかったが、同時に草の根から基本法の柱である構造改革の意欲が広く強く湧いてくるわけでもなかった。その一方、価格支持に重きがおかれるに至ったのは、基本法の本旨ではなかったのである。基本法制定後、今日までに二〇年余り、すでにその一部は空洞化しており、日本農業の前途が危ぶまれている。その再建こそ、現在の農業関係者の責務であろう。(同八一頁)

目を引くのは次の諸点である。第一は、基本法制定頃の小倉自身は「西欧の考え方に眼を奪われていた」ため、日本の現実にふさわしい農政論を構想できなかったと悔やんでいること。第二は、農業基本法は世論の支持を受けていたとは言えないと認識していること。そしてそれは反対勢力の批判に理があったというよりは、農村現場の感覚にフィットしたものではなかったからだと考えているらしいこと。第三は、しかし農業基本法がめざした「構造改革」という方向自体が悪いのではなく、「基本法の再建」こそ「責務」だと考えていることである。柳田國男の「中農養成策」に対して高い評価を与えていることを考えれば、柳田的センスに立脚した日本型構造改革への「再建」が期待されていたのであろうか。

戦後農政を担った中心人物が「西欧の考え方に眼を奪われていた」(から日本の現実にふさわしい農政を構築できなかった)というのだからそれだけで衝撃的であるが、それほど日本農政論を深く覆ってい た／いる「西欧の考え方」とは何なのだろうか。それに対して日本の現実に即した農業発展論とはどんなものだと考えていたのだろうか。あるいは小倉は何をみて「日本的現実に妥当しない」と思い至ったのであろうか。他方、小倉は当時の基本法反対論を評価しているわけではない。「西欧の考え方」に蝕まれていたはずの基本法に対する反対論までも「地についたものではなかった」のはなぜなのだろうか。さらには、「西欧の考え方」からの脱却を志しながら依然として「構造改革」を主張するのはなぜなのだろうか。小倉の言う「構造改革」と「西欧の考え方」に基づく「構造改革」とは何がどう違うのだろうか。戦前の農業問題理解に経済学を本格的に持ち込んだのは東畑精一であるが、小倉の「西欧の考え方」批判において東畑理論はいかなる位置を占めるのであろうか——。すぐさま以上のような疑問がわき上がってこよう。残念ながら小倉はこれらの疑問にほとんど答えていないし、その後の農政論がこれらに答えようとした形跡もない。

2　各論的反省

より各論的な、次のような発言もある。

③農地改革の直後からすでに農地についての所有権をできるだけ制約のないものとする方向がとられてきましたが……農業構造改善問題からする農地法への接近……農地についても市場機能をできるだけ

発揮させようとした方向は妥当であったかどうかそれが問題です。(小倉一九八二b、四三五頁。初出一九八二)

④……しかもわが国では国土面積三七〇〇万町歩のうち一〇〇〇万町歩以上が国有(営)または公有(営)になっているようです……農業の構造的改革の途はいよいよ至難となります。しかしこれらに沈黙を守って、全国津々浦々に構造改革をよびかけるのは、少しどうかと思います。(小倉一九八二a、三〇頁。初出一九六二)

⑤……土地所有の近代化という観点からすると、近代化のための法制は、昭和二十七年の農地法の制定によって終着駅に到達したとみるべきでしょう/農地改革後の農地制度は……私的所有権への接近を目指していました……この過程において、土地とくに農地所有の社会化という観点が全く顧みられませんでした。(同三六二頁。初出一九八二)

⑥……農業構造プロパーの問題としては……国の家父長主義のもとにおける農業構造が農業者をして所有者に志向せしめる、土地所有者たることに執着させるという作用を持っておるのではなかろうかと思います/地主制の家父長主義が薄れるにともなって、その裏腹に戦前からの国の家父長主義が現れており、農地改革がそれを決定的にした……。(同三四五～三四六頁。初出一九六六)

⑦農業構造を考えます場合に、どうも現在の農地制度では必ずしも適当ではない。のみならず単に村の人々の農地管理についての自主的な処理の範囲を拡大するか……民法でいう共有でもないし、公有でもなくて……私的土地所有とある程度調和するような協同組合的所有というようなものを考える必要が

あるんではなかろうか。(同三四九頁。初出一九六六)

⑧農政学は農業経済学に席を譲るにいたりました……けれど、農業政策も経済学だけで理解できたり樹立できたりするものではありません……学際的アプローチを必要とするのです。(小倉一九八一、一七頁。初出一九八一)

③～⑦は、農業構造改革にかかわる論点である。⑤の「土地所有の近代化は昭和二十七年で終焉した」という主張は、③の構造改革を「市場機能の強化を通じて遂行しようとしたこと」への疑問と対をなしている。農地法以降の政策課題は「農地所有の社会化」でなければならなかったというのである。⑥戦時から農地改革にかけての農政を「国の家父長主義」ととらえていることも面白い。もちろん「規制緩和」の欲求は高度経済成長期には顕著になるが、⑦が示す小倉の対案は、それとは異なるコースを示している。これが上述の「農地所有の社会化」と対応しているのであろう。その意味を考えてみたい。他方、④の山林を除外した構造改革を立案すること自体が構造改革たる資格を疑わせるという主張の背景には、確実に日本の近代土地改革(地租改正)への批判がある。

これらの小倉の問いに答えるためには日本農業の歴史的洞察が不可欠である。歴史研究と現状研究との距離は決して無視しうるものではない(それどころか非常に大きい)が、戦後農政の中心人物としての小倉の「問い」を通じて一つの接点を得たように思う。本書の課題は農業史研究を通じて小倉の問題提起に真正面から向き合うこと、一言で言えば「日本農業の発展論理」を近現代日本の農業(技術・生産力)・農村(農家・社会)および農政(国家)の相互関係のなかで考えることである。なお⑧は、農政論というものの学的な性格を再確認したものとして注目したい。農業経済学は、農政的現実を解明する科学としての貢献を評価されつつ、それがもつ普遍主義と経済主義(領域的／方法論的狭さ)が問題にされていると読めよう。これは本書にとっても絶えず立ち返るべき方法論的忠告である。

二　梶井功とJ・R・シンプソンのコメントを考える

1　二〇〇〇年農業センサス評価に対する梶井功のコメント

二〇〇〇年農業センサスは、経営規模五ha以上層が四・三万戸に増えたことを報じて注目をあびた。これに対して梶井功は、〈五ha以上層が増えたといっても、その実数は経営規模別統計をとりはじめた最初の年である一九〇八(明治四十一)年水準に追いついただけにすぎない〉という、まことに衝撃的な事実を指摘した(梶井二〇〇一)。私には目から鱗であった。もちろん、近世日本農業では生産力発展が経営規模縮小と並行したこと(経営規模縮小論という)や、大正期の生産力展開が中間層の増大(中農標準化という)[5]に帰結したことは知っていたが、その全体を通史として把握する視野がなかった。要するに、近世・近代を通した過去数百年にわたり、日本農業における生産力発展は一貫して経営規模縮小(正確に言えば大規模層の減少)に帰結していた可能性が高いのであり、それが大規模層の増加へと転じ

表序-1　経営規模5町歩(ha)以上農家戸数の推移(都府県)　(単位＝千戸)

年次	1908(明41)	1920(大9)	1930(昭5)	1941(昭16)	1949(昭24)	1960(昭35)	1970(昭45)	1980(昭55)	1990(平2)	2000(平12)	2010(平22)
戸数	42	24	13	7	(659)	2	6	13	26	43	58

注）1949年を除き農林水産省「経営耕地面積規模別農家数」より作成。1949年のみ加用信文監修『改訂日本農業基礎統計』農林統計協会，1977年，101頁「経営耕地規模別農家数〔Ⅱ〕都府県(1)明治41年～昭和29年」「同(2)昭和30～50年」より。

10年刻みで表示することを基本に置いたが，1908(明治41)年は統計初年度なのでそのまま記した。1941(昭和16)年は戦時体制下の変化がわかる最後の年次なので1940年に代えて記した。1949(昭和24)年は5町歩以上層が最小値を示す年次なので1950年に代えて記した。1,000を割り込んだ同年のみ実数で記した。

たのは、実に二〇世紀の後半(第二次大戦後)になってからのことであったのである(表序－1)。

確かに「五ha以上層」は一九九〇年から二〇〇〇年にかけて約一・七倍化(二〇一〇年にかけて約二・六倍化)しており、遅まきながらも注目すべき変化を収めたとは言える。しかし、梶井が忠告したことは、視野を戦後(その始点である敗戦期は、大量の帰農により農家戸数が急増し、日本農業史上最も零細化がすすんだ時期であった)に限定することにより構造改革の成果を過大に評価する／したがってまた今後の動向を楽観視するのではなく、より長いタイム・スパンでみれば、構造改革など現実的政策になりえなかった明治後期の水準に「やっと追いついただけ」だという「到達点の意味」を、まずは深く理解すべきだということであった。

では、明治四十一年以前にはどのような動きがあったと推測されるのであろうか。全国を把握するデータはないが、上述のように、近世農業史研究ではさまざまな個別実証研究を通じて、〈反収を基準とする農業生産力の発展〉と〈経営規模の縮小〉(正確には、「雇傭」労働力に依拠した大経営の減少すなわち家族協業ウエイトの拡大)が並行してすすんだことがほぼ確認されているうえ、(6)農業年雇数が最多であったのは江戸中期(元禄時代)で、以後減少し続けた(すなわち家族協業化がすすんだ)事実(第一章にて再論)と併せ考えると、明治前期においても大規模層は減少傾向にあった可能性が極めて高い。明治初期に「両極分解」があったとの見解もあるが、経営規模別の農家数が把握されているわけでもなく、おそらくは「所有分解」(地主・小作関係の拡大)との混同であろう。

しかし、このような日本農業の展開過程を説明できない、もしくは無視することによって成立している農業理論と農業政策とくに構造政策には根本的な錯誤があるのではないか、という疑問がわく。後に述べるように、生産力発展と経営規模拡大がほとんど同義の関係にあった西欧農業(農業理論はこの地における経験をもとにつくられている)では考えられない現象であり、それは西欧農業(西欧農業自体が多様であり、ここでは理念型としての西欧農業をさす。第一章を参照されたい)という特殊なあり方を世界農業発展のモデルとして想定してきたこれまでの農業理論に、根本的な反省を要請するものである。この「不思議さ」の内容と意味を深くする理解すること、これもまた、本書が明らかにすべき重要課題である。

2　J・R・シンプソン　フロリダ大学名誉教授のアドバイス

すでに一〇年ほど前にJ・R・シンプソン(フロリダ大学名誉教授)は、「新たに失われる一〇年」という印象的な書き出しをもつハンディな書物において、WTO協定や農業の位置づけにかかわる日本の農政議論に対し、およそ次のような刺激的な見解を表明していた(シンプソン二〇〇二)。

①食料自給率四〇%という数値は異常であり、「アメリカ独立憲章の論理」(「生命・自由・幸福を求める基本三権利」の無限定容認)からしても、日本が「食料の確実な供給」を決定する権利がある。WTO協定はかかる「決定」に対する深刻な障害であるが、国際憲章(国連・世界人権宣言、一九四八年制定、一九七六年改正)に照らしても、その正当性を主張しうる十分な根拠がある(四七~五〇頁)。しかし、いくら正当性があっても、ルールにのっとり確実に議論を積み上げていかない限り、国際社会で認められることはない。「日本が強く主張し、食料自給の権利を国際的に勝ち取らない限り……内外の摩擦が激しさを増すことは確実」(二〇三頁)であり、このままでは「日本が食料の分野で『貿易のとりこ』になってしまう懸念もある」(二〇二頁)。「それは決して戻ることができない一方通行の橋を渡るようなものだ。どんなに問題があることがわかっても、輸入に頼らざるをえない。国民にとってみれば、後の祭りということになってしまう」(一六六頁)。

②このような主張を行なうことは、西欧世界に共通する知のスタンスである「基本的人権」の論理に沿って立論することを意味する。この点で、日本が食料自給率(food self-sufficiency rate)という保護主義(西欧社会にとってはただちに一九三〇年代の悪夢につながる)を強く想起させるタームを使ったことは決定的に失敗であった。「いったん『保護主義者』と分類されると、国際社会のリーダーシップや責任に背を向けるものと非難され」(一四五頁)、「昔に比べてレッテルの貼り方がとても極端になってきた」(同)からである。そうではなく、その逆数(食料自給率四〇%に対しては六〇%)を「食料依存率」

(food dependency rate)として提示すれば、西欧社会にも無視できない重大な事態として受け止められた。基本的人権に対する最大の保障は「自立」にあると考える西欧社会においては「依存」に対する感受性は極めて高く、「過半を超えた依存」は基本的人権にとって十分議論に値するテーマだと理解されるからである(二二頁、一六九頁)。他方、日本が立論の柱にした「農業の多面的機能」論は、大なり小なりどの国にも当てはまるものであり、日本固有の理由としては説得力がない」(一六六～一六七頁)のだが、このことに対する自覚も不足している。

③以上のように、西欧的な知的基盤および普遍と特殊の相互関係への理解を欠くことが、日本の国際対応を著しく困難にしてきた。その結果、自国の農業事情に関する日本の主張は、自らが意図するところとは逆に、「国際的に最も高い生活水準を保ち、同時に尊大でわがままな成金国／何でも金で解決する金満日本」という誤解すら与えてきており(一三～一四頁)、今や日本にとっての自由度は極めて小さなものになってしまった。

④「日本人の多くは『欧州では小さくても魅力的な家族農業が、生き残ろうと努力している』という神話を信じている」が「そんな甘いものではない。正確に言えば、ほとんどが家族による経営ではあっても、日本が近い将来にたどりつけるレベルではないほどの大規模経営なのだ」(一〇八頁)。「よく知られていないが、日本の農業構造の変化は、ほかの先進国と同じようなスピードで起こっている。しかし……日本が規模の面で追いつくのは不可能だという点も知られていなかった。生産性が向上しようと、日本が直面する規模的なハンディキャップは、乗り越えられるほどの生やさしいものではない」(一二一

頁)ことが明言されるべきである。そして、「日本農業のコストが高いことを恥じてはいけない。恥じなくてはいけないとすれば、農業や関係する産業がコスト高にならざるをえない現実を隠し、改善の努力をしないこと」(二〇五頁)である。

⑤日本には、「何もしない」途と「国際競争力をつける」途のほかに「真に世界のリーダーとしての立場を明確にして、WTO農業交渉で日本の権利を積極的に主張するよう努力する」(二〇五頁)途がある。第三の途を選んだ場合は、「政府は日本の権利を守るために、日本の食料や農業の特殊な条件を説明し、WTO農業交渉で幅広い支持を得るための努力をしなくてはならない」。それは、「日本は世界に例を見ないようなユニークな農業の姿をもち、自由貿易に耐えられない特殊な事情をもつ。にもかかわらず、一定の農業を保つ権利がある」(二〇六頁)からである。

以上の指摘は、日本農業を世界政治のなかで論じようとする私たちのスタンスを根本的に問うものであろう。実は、別な箇所でシンプソンは「私も原則としては自由貿易を信じる新古典派の経済理論が染み付いている」と言っている。そのうえですぐさま、「しかし私には常識がある」と論理の位相を一挙に転換し(一〇三頁)、上述の主張が「学が要求する知的形式よりも常識を優位に置く」ことによってこそもたらされたものであることを「告白」するのである。これもまた、目から鱗であった。シンプソンは「学内在的な論理」と「学と現実との緊張感」という二つのベクトルをともに堅持している。「社会科学の価値自由性」というM・ウエーバーの指摘に対する誤読[7]が依然として克服されない日本の学界風土（コンテキストを無視した輸入学問の形式性）においては、このような言い方は「学からの逸脱」でしかなく、批判の対象にすらならない（ただ無視される）のではないだろうか。

それにしても、基本的人権の思想を国際関係にも適用しうるしその現実的条件もあるという①の主張の、オーソドクスなことに驚かされる。ここでは、「自由貿易を信じる新古典派」の学的な信念が「基本的人権という常識」によって圧倒され、目的従属的な「ツール」として位置づけられている。しかも、現存する国際憲章に照らしてその正当性を主張するところが、思弁に流れず実践的・現実的である。また、権利の主張が正当であるということと国際舞台で承認を得ることとは全く別な問題であり、適切で持続的な努力なくして正当性は実現されないという指摘も冷静である。当事者である日本では、賛否両論とも議論が専ら（多分に狭義の）「経済効果」に集中してしまうため、このような立論はほとんど目にしなかった。[8] 農業における世界政治に立ち向かうにはあまりにも足場（哲学）が弱いのである。本書が刊行されたのは二〇〇二年である。以後、今に至るほぼ一〇年はシンプソンの予想どおり「新たに失った一〇年」になってしまったのではないか。「失う」とは、「国際社会のなかで日本農業のあり方について理解を得ること」および「各国の置かれた状況を大切にする思想を国際社会のものにするという点でのリーダーシップを発揮する」ことの可能性を大幅に減少させたということである。

これらの諸問題を直接扱うことはできないが、シンプソンが世界農政論を評価する基本的視座とした「基本的人権」とは、「異なったもの」にも「尊重されるべき共通の権利」を見出す思想であり、その応用である。本書で問題にしたい類型的認識（相違の自覚的認識と相互尊重の主題化）の必要性とは、この点で深いかかわりをもっている。

三　本書で用いる用語について

本書における用語の使用法について説明しておきたい。

〈イエ・ムラ〉　日本農業主体におけるイエ・ムラという存在形態を重視し、とくに後者（ムラというあいまいな用語）を多用している。イエとは家産・家名・家業の三者を兼ね備えた日本固有の存在であることに異論はなかろう（イエに関しては本シリーズ第三巻の坂根嘉弘『〈家と村〉日本伝統社会と経済発展』が経済発展の力量と方向を規定する重要因子として相続形態に注目し、日本的個性をクリアに示しているので参照されたい）が、問題はムラである。ここでは近代行政村（フォーマルな村）に対するインフォーマルな村――近代行政村よりは小さく自治や共同の単位となったような範域――をさしているが、ムラの基盤（系譜）とは何かについては大きな見解の相違がある。

このムラを旧近世村（約六万三〇〇〇）ととらえ、旧近世村由来の強い自治力――内への統率性と外への代表性――を重視し、「自治村落」という名称を与えるとともに、近代におけるその典型的な存在形態を「大字」として把握したのは齋藤（一九八九）の自治村落論であった[9]。他方、坂根（一九九六）は自治村落論が主な対象とする本州においても戦前期の農家小組合（任意組織としてつくられたさまざまな農業共同組織の通称。第三章を参照されたい）が大字よりも小さな単位でつくられていることが多いことを実証し、むしろ農業センサスにおける農業集落(二〇一〇年センサスでは一三万九〇〇〇。最多は一九五五年の一五万六〇〇〇)との関連の強さを主張した。確かに、農業共同単位としてのムラはセンサスにおける集落に大きく重なるであろう(第三章でみるように、地域基準で結成された農家小組合は、数のうえから言えば農業集落に近似する)し、歴史研究においては自治村落論の影響力が強かったこともあり、これらの区別が十分なされないまま議論がなされていたことも田代(二〇〇八)が批判するとおりであろう。

かかる論争に対する自らの判断を示すことなくムラというあいまいな呼称を用いるのは、私の関心が歴史過程に発揮された農業・農村サイドの主体性(最も広く言えば国家と社会の関係性)にあり、それは必ずしも農業共同の単位性に限定されるわけではないからである。田代はムラの現実的な領土こそ「集落」にあるととらえるが、小作争議における「ムラの領土性」の自覚は農業共同の単位というよりは自治機能、したがってまた対外的な対抗機能においてこそ強く発揮されたであろう。初期小作組合の立ち上げが、近世百姓一揆の作法を通じてなされたり、ムラの社寺(信仰拠点)で行なわれたりしたことが伝えられ、また組合規約には「ムラ八分」と見紛うような共同制裁をともなうケースも多い。ここでのムラの意味は、農業共同というよりは対外的対抗力と対内的統制力である。「部落根性から町村根性化せしめ(よ)」(横井時敬)などと言われる場合の「部落」や、石田(一九五四)が「市町村を明治国家の共同体に」と言う場合に、否定すべき対象として把握されているのも、さらに昭和の時代になってすら(行政町村の監視に隠れて)「徴兵逃れの祈願を行っていたムラの祠」(喜多村一九九九)もまた同様の機能に着目したものであろう。

他方、先に述べたように、農家小組合の多くが現実的な農業共同の単位性（ここでは農業集落と表記した）に依拠する組織であったことは、その性格からみて首肯できる。ただし、一組合当たり組合員数をみると、「地域基準」で結成されたものに限定しても三〜六四〇人・平均二五人（「事業基準」の後者ではさらに広がり、六〜二三〇六人・平均三九人）のばらつきがあるうえ（農林省農務局一九三二）、道府県担当者が農家小組合にふさわしいと判断している「区域」もまたさまざまである(10)。また戦前の農家小組合研究（者）の多くが、その起源として近世の五人組制度をあげていることも無視できない（帝国農会一九二八、農林省農務局一九三一、渡辺一九四一、棚橋一九五五）。以上より、「集落」と「農家小組合」とは大きく重なるであろうが、これについても出自を一義的に特定するのは難しいように思う。さらに、ほぼ半ばを占める「事業基準」の農家小組合の場合は、むしろ「集落」を越えるものが一般的であった（編成原理からみて当然であろう）。

そしてそもそも近世史家の研究（渡辺二〇〇八）によれば「村の多様な相互扶助機能・共同体機能は、村請制村が一元的に担っていたのではなく、多様な集団によって分有されていた。そのなかでもとりわけ重要な役割を果たしていた集団を、村落共同体と呼ぶのであり、それは集落もしくは村請制村である場合が比較的多かった」（一五三頁）。そうであれば私の整理自体が固定的にすぎるということになろう。いずれにしても本書では、これらの諸側面をともに重視してこれ以上の判断はせず、意図してあいまいな表記＝ムラ（主体性をもったインフォーマルな地域単位）を用いる。ここでの主旨は、「藩政村（大字）

と農業集落のいずれが基礎的な村落共同体か」（田代二〇〇八）ではなく、日本農業・農村の主体性のありようを近代史のなかで確認することであり、方法論的に言えば系譜的本質論よりは歴史的経緯に由来する多様性を重視するということである（終章を参照されたい）。

〈中進国／中進国性〉

日本の歴史的（世界的）ポジションを「中進国」とよんでいる。種々の経済的指標において現在の日本は歴然とした「（最）先進国」なのだから、この表現には違和感があるであろうし、「支配」「従属」という論点に鋭敏なI・ウオーラーステイン流世界システム論[11]からしても「中枢」でこそあれ「半周辺」であるとはみなされがたい。戦前には「後発」組のなかでも際立ったパフォーマンスを示し唯一帝国主義国家になり、戦後は高度経済成長を経て「ジャパン・アズ・ナンバーワン」（エズラ・F・ヴォーゲル一九七九）とすら称されたのであるから、「先進国性」（＝西欧社会との共通性）に光があてられて当然であった。しかしここでは現代日本においても、「後発」性がもたらした西欧先進諸国との違いが歴然と存在していることを主張する。日本農業問題の性格を理解するうえで（かつ国際社会に対し意味あるメッセージを発していくうえで）、不可欠の視点だと考えるからである。

中進国という語は中村（一九八八）から借用したが、中村の場合は時系列的（段階的）概念であり「日本はアジアで最初に中進国から先進国になった」というような使い方をしている。私はそうではなく、「中進」の意味を、世界市場への参入が欧米「先進（前期参入）」諸国に対しては「後発」であり、他方非欧米の「後進（後期参入）」諸国に対しては「前期」であるという意味、すなわち「前期・後発」という中間性を表現する用語として用い、かつそのことが付与する構造的（中期レベルで作用し続ける、と

いう意味である）特質を重視するのである。(12)

そのことを農業問題に即せば次のように言える。長い時間をかけて農業・工業関係／農村・都市関係を築いてきた「先進国」とは異なり、「中進国」が世界市場で生き残るには近代化の途のりを大幅に短縮することが求められる。そして、すでに「先進国」という一つの近代化モデルが与えられているうえ洗練された生産手段や制度が提供されているため、工夫さえできれば十分可能でもある。このような状況下で「半ば強いられ／可能になった」時間節約を近代化過程の「圧縮」とよぶ。GDPなどマクロの数値（量）でみた場合にはこのような過程を「後発の利益」と把握できるが、私が注目したいのは、かかる「圧縮」がもたらす固有の軋轢と、それへの対処が新たに付加する構造的特性である。試行錯誤を重ねつつ近代化を遂行できた「先進国」とは違い、「中進国」では政治（政策）を動員したはるかに国家介入的な施策が必要とされるからである。これらが新たな構造をつくる。他方「社会」の側は「時代」を反芻する余裕をもたず、「トレーニング不足」のまま次々と新たな事態に立ち向かわざるをえない。そのことがもたらす問題群の重さにも十分注意を払いたいのである。それは、「知」の分厚さや「関係」の深さ「制度」の重層性などの不足すなわち対処の拙速性となって現れる可能性が高いであろう。かかる「トレーニング不足」が政治領域において集中的に表現されたものがいわゆる「猫の目農政」であり、シンプソンが指摘した国際舞台における「世界音痴」なのかもしれない。

一言付言すれば、このような設定が必要とされるのは近年「旧植民地諸国において独立後の社会すら規定する植民地経験」という問題が顕在化し、ポストコロニアルという研究領域が立ち上げられていることと類似している。ある歴史時点のポジショニングが(たとえGDPでナンバーワンになろうとも)その後の発展形態に深く影響を及ぼすのである。言わばポスト中進国・ポスト後進国という問題群が存在していることの積極的主張である。

〈類型的認識・動態的類型論〉　類型(論)とは、「社会」という場において発現する諸現象は必然的に個性的たらざるをえないことを主題化するための概念装置である。それは、形式的・固定的なものではなく諸環境の変化にともない絶えず変化を被るものであり、にもかかわらず消去されることなく、リニューアルされつつ「中期持続」するものであり、正確には「動態的類型論」と表現すべきものである。補章にて紹介するトッド類型論の魅力は、それを「外的環境の変化に対する〈受容形態の類型性〉」として示したことであり、「類型」がもつ動態性(変化過程を貫く類型性)と能動性(諸環境の変化を受け止めて新しいシステムのなかに生かす力)をクリアに示したことである。トッドが扱ったのは一六世紀から現代までの五〇〇年であるが、かかる長期を「変化(＝社会の側の作用)過程の類型性」として把握したのであり、このような意味において「伝統(過去)を現代に接続させる」ことを可能にしたのである。

以上はグローバル化世界において諸制度・諸文化との「過剰な接触」が不可避(ヘゲモニー集団からは、むしろ強制されることにもなろう)な現在、あらゆる場面で貫かれるべきスタンスであろう。とりわけ「移動困難な生産要素」(農地とそれをとりまく自然的外部環境をさす)を含む農業をめぐる政策領域には必須要件だと思われる。ブローデルの表現[13]を借りれば、「中期持続」(本書の用法では「類型性」)に対する洞察が必要とされていたにもかかわらず、それを「事件史」(微分的現在)のレベルでのみ処理してきたのが現代日本農政の現実であったとも言えよう。

念のために、類型論的思考は世界をバラバラに分断するものではなく、むしろ世界の相互理解を深めることに寄与するものであることを付言しておきたい。それは二つの意味においてである。一つは、世界を貫くいま一つの座標＝共時性（共時的存在）という側面においてである。前節2で紹介したようにシンプソンは、西欧諸国が培ってきた共同規範として「基本的人権」の思想を抽出し、それをベースにしながら問題を提起することで、日本の主張が「異端」ではなく「個性」として理解される可能性が増大するはずだと述べた。世界の共通の根を明らかにする「知」もまた増産・豊富化されていくのであり、それを丹念に掬いとっていくことにより世界が拠って立つ「共通項」は確実に増すであろう。二つは、世界の国・地域および人々は、互いの特性に対する理解を深め合うことによってこそ、信頼関係を安定的に築きうるということである。むしろ、「過剰な接触」を余儀なくされる世界においては、「違い」を深く認識することこそが知的な「共通項」の分厚い存在を知ることにつながるであろう。逆に、薄っぺらな「普遍的真理」を振りかざす姿勢こそがグローバル化世界では最悪のディスターブ要因（他をみることができない存在）になるであろう。ちなみに、現時点で最も影響力をもつ深刻な「普遍思想」は、「なんの修飾語を付すことのない＝独走する〈自由〉」である。

〈主体・主体性／発展・発展論／日本的近代化・近代化の日本的形態〉　まずは「主体（性）」と「発展（論）」について。本書ではこれらの表現をしばしば使い、後者は書名にも採用しているが、場合によっては誤解を招くかもしれないと思い、若干説明を加えることにした。それは、これらはいずれも、「近代」という時代(価値)文脈のなかで使われ、「近代化」の担い手や達成過程を想起させることが多いからである。また「発展(論)」という言葉からは、単線的・法則的な「進歩」のイメージを感じとる人もあるであろう。ポストモダニズムと総称される近代批判を主題とする「知」の立場からすれば、忌避感すら感じさせるものであろうとも思う。しかし、本書における使用法はそれとは異なり、はるかにルーズなものである(誤解を恐れながらもこれらを使うのは、他に適切な用語がないためである)。

日本農業の歴史をひもとくとたちどころに、実に多くの「農業・農村問題を当事者として自覚的に引き受けようとする人たち」が存在していたことがわかる。これまでも個別事例・個別経験としては種々紹介されてきたが、それを論理として「学知」に取り込む努力は極めて弱かった。本書ではこれらの人々とその営為を重視する。「問題を引き受ける自覚をもった人々」をはじめとして、彼らの影響を受け広い意味での「運動」に参加した人々を「主体」とよび、そのような人々のなかに育まれた心性や姿勢および行動様式などを「主体性」と表記する。そして、その結果生み出された種々の工夫と積極的効果を「発展」とよんでいる。また、農業の発展は「世界市場におけるポジションの制約を受けつつ風土的・歴史的個性のうえに展望されるもの」——これが本書の主張であるから、このような「場」における一定の「法則的現象」(部分的法則性)はあるにしても、単線的発展史観とは全くの別物である。

さらに、「日本的近代化」「近代化の日本的形態」などの表現も用いている。これは上述の「発展」理解に対応して、近代化過程自体が多様であり、本書が明らかにする日本農業の変化過程は「日本における近代化過程の具体的内容を示すもの」であるという含意を明確にするためである。しばしば後発諸国においては「遅れ」「歪み」「逸脱」などがクローズアップされ、「近代化」とは異質の(遅れた)発展過程にあると理解される場合が多かった(たとえば、講座派とよばれた日本のマルクス主義グループは、戦前までの日本を「半封建制」段階にあるとしていた)が、そうではなく、諸国・諸地域は世界市場に包摂されつつ各々固有の「近代化」過程を歩むし、歩まざるをえないのである。(14)

注

(1) イエ・ムラ成立地帯を考察対象とするという意味である。除外した両地域の意味については終章でふれることにしたい。なお「北の大地」「南の列島」とは(原二〇〇七)からの借用である。

(2) 本書では「世界標準」という用語をしばしば使っている。その意味は、グローバル化が要求する「常識」(一般的抽象的基準)——それはしばしば最強国/グループの主張である——と日本の特性との間にある緊張を真正面から見つめ、問題を十分咀嚼したうえで日本適合的な対応方向をつくりだすことに努力するのではなく、①「若干のモディフィケーションで当座をしのぐ対応をする」こと、および②採用した施策が「何をどこまで解決できるのか/できないのかをあいまいにしたまま〈強い農業〉づくりを声高に叫ぶ」こと、その双方をさしている。本書は、「多様性の相互補完」というグローバル化世界のあり方を追究するには類型認識が不可欠であり、「違い(類型的特性)を深く自覚したうえでの相互理解」が大前提になると考えている。日本が(ここでは知的な)「中進国」状況を脱するとは、卑近な打算を超えて「世界」を論じるスタンスを獲得することである。

(3) 特定の価値目標の実現をめざす学の領域をさす(祖田二〇〇〇)。原型は柏(一九七一)の農学=第三科学論。

「第三」とは自然科学・文化科学とは異なるという意味であるが、同時に基礎科学とも応用科学とも異なる「第三」をも含意している。

（4）一九一〇（明治四十三）年生まれ。農林事務次官、（財）農政研究センター会長、アジア経済研究所長、農林水産技術会議会長、日銀政策員、政府税制調査会会長、農業構造問題研究会会長、農業法学会会長などを歴任。農林水産技術会議・農林漁業基本問題調査会事務局長を務めた。

（5）中農標準化という表現は栗原（一九四三）が確認し命名したものである。

（6）三橋（一九七九）として集大成された。

（7）ウエーバーの「価値自由」を引き合いに出しつつ、「社会科学は本来価値中立的なもの」であり、「価値」は「それを応用（政策化）する際して政治によって採択されるもの」と主張される場面にしばしば遭遇するが、これは間違いである。俗な言い方をすれば、「価値自由」とは、「社会科学は価値判断を離れてありえないことを自覚すべきである」が、他方「価値をあたかも研究の目標であるかのように錯覚するのは特定の価値の奴隷になることに他ならない」という、表裏をなす二つの内容（イデオロギー性の確認とイデオロギー化のいましめ）を含意したものである。

ポイントは三つある。第一。ウエーバーは、法則定立的な自然科学と、個性記述的な社会科学の方法を峻別している。近年社会現象の計量的分析が飛躍的な進歩をみせ、「社会科学が自然科学化している」かの様相をとっているため、計量的手法に依拠する社会科学領域においては「自然科学並みの精緻さと客観性」を誇る／めざす研究者もいるが、ウエーバーからすればこれは間違い（錯覚）である。それは、揺るがぬ構造をもつ自然とは異なり、社会は多様な人々の能動の産物であり、あまりにも多様な変数の複雑な相互連関により生み出され、かつ生み出し続けられているものだからである。それを、自らの視角の「部分性」（個々の考察範囲の因果関係)を自覚しないまま「法則」として語ることは社会(人間のつくる現実である)に対する誤解を助長することにほかならない。すなわち「あらゆる科学研究の前提である因果律は、いっさいのできごとをば一般的に妥当する『法則』に解消させることを要求する」(八七頁)ものではないのである。

第二。以上のような特質をもつ「社会」を研究対象にするには「価値」判断により課題と材料を選びとることが不可欠である。「経験的な社会的文化諸科学の領域では、無限に豊富なできごとのうち、われわれにとって本質的なものをば意味にかかわらせて認識するということは、特殊な性格づけがおこなわれた観点をたえずもちいることにむすびついて、できることなのであり、その観点はすべて、結局には、価値理念にかけて整頓される(以下略)」(一一二頁)。したがっていくら計量的手法に置き換えられようと、そのイデオロギー(価値)性から逃れることはできず、それどころか「価値中立的な、数学的緻密性をもった客観的結果」と考えること自体が問われるべき一つのイデオロギー(価値判断)なのである(ウエーバーの表現を借りれば「自然主義的偏見」もしくは「自然主義的一元論」)。

以上のような事情のために、「経済政策や社会政策を実際的に議するにあたっては、するどい概念構成(強調は野田、とくに断りない限り以下同じ)をもちいないと、いちじるしく危険なものになる」(一〇六頁)おそれがある、と言う。興味深いことに、その具体例として農業問題をあげているので、一部を引用しておきたい。「しろうとにもなるだけわかりやすい手本をしめすために、『農業の利益』という語句においてあらわれている『農業』という概念を考えていただこう。……しろうとならばともかく、専門家ならばだれでも、価値諸関係がいりみだれ、対立しあって、ものすごくこみいっているのに、その農業の利益という言葉では、それがはっきりといいあらわされていないことに、気づくであろう。……そのときどきの農業経営者が自分で自分の『利益』に関係させる……価値について考えるにとどまらず、またそれとならんで……質のことなった、価値諸理念をも考えている……第一に人民に安い食糧……質的によい栄養をあたえたいという関心からみちびきだされた、生産的な利害がある。このさい、都市と農村の利害はさまざまな衝突をすることがありうるし、また、現在の世代の利益が、将来の世代がもつであろう利害と、決して一致するとはかぎらない。第二に人口政策的な利害……あるいはまた第三に……農村人口の構成(があり―野田)……この関心は、そのめざす方向によっては、『国家』の利益のみならず、若干の農業経営者についてありうるいっさいの利益……とも衝突することがありうる。……『国家』の利益に、われわれは上のような、またかず多くの他の似かよった、個々の利益を、ともすれば関係させるのであるが、そういう『国家』というものは、実際は、きわめてこみいったこんとんとした状態にある価値諸理念にたいする呼び名にすぎないことがひじょうに多い」(一〇八～一一〇頁)。

したがって、社会科学はある価値理念に基づいてのみ課題を選択し論じるものであり、「研究者とかれの時代とを支配する価値理念」(八五頁)に基づく課題設定および分析結果の総体が討議に付されるべきものとなる。

第三。しかし同時に、「価値自由」とは「価値からの自由」でなくてはならない。ウエーバーは法則定立的ではない社会科学の方法として「理念型」(一〇三頁)を提示したが、それが必要とされるのは、「(前提なしの思考が―野田)到達することはといえば、せいぜいのところ、無数に多い個別的な感覚に関する『実存科学』のこんとんとした状態ぐらいなもの」(七九頁)にすぎず、「経験的に与えられたものを……その意義をば確定することが前提とな」(七七頁)るからである。したがって、ウエーバーの理念型とは決して究極のモデルや目標を意味するものではなく、単に「われわれの思考が社会実在を認識するために必要とするさまざまな補助手段のひとつであるにすぎない」(八一頁)。このことを誤解すると、研究を「理論の召使い」にしてしまうことになる。要するに、「研究者とかれの時代とを支配する価値理念」をあたかも「研究の目的」と錯覚し、

「因果律」の厳密な考察を避けたまま情緒的な主張をくりかえすことになる。ここでは「価値」から離れた冷静で論理的な分析がいるのである。

ウエーバーが社会科学(者)に要求しているのは、この三点総体を知ることである。

付記:ここでの引用はすべて、ウエーバー(一九〇四)である。

(8) このようななかで、久野(二〇一二)が出た。「国際人権レジーム」という観点から本格的に論じた好論文である。

(9) なお自治村落論に対する批判に答えた最近作として齋藤(二〇〇九)がある。

(10) 農林省農務局(一九三二)。なお帝国農会(一九二八)によれば、農家小組合の適正範囲に関する「一道三府三十二県ノ意見」は、「部落」(小字)八、「大字」三、「同一風俗習慣ノ小部落」二、「小区域」(意味不詳)一、「適当」(過大、過少ナラズ)四であった。さらに「優良ナル農家組合ノ事例」としてあげられている三四組合をみると、組合員数の最小は七名《ママ》(宮城県山際農事改良組合)から最大は二一〇戸(鹿児島県尾下報効農事小組合)までの開きがあり、表彰する側もさほど系譜的側面を重視しているようには思えない。

(11) ウォーラーステイン(一九九三)は、世界を中枢・半周辺・周辺の三つの位相に分類される諸国家の相互関係として把握し、日本は中枢に位置づけられる。なお、中枢は周辺の富を奪うことによって中枢たりえているのであり、周辺なくしては存立できない。このような見取り図からは、三者の相互関係が変化することはあるにせよ、「すべての後進国が離陸を経て先進国化の途を歩みうる」という展望は出てこない。周辺がなくなれば中枢も存立できないからである。

(12) ヴェブレン(一九一五)は制度学派経済学の中心人物であるが、大正期日本を同時代人として評した短文がある。そこではこの時代に発揮しつつある日本資本主義の強さが西欧由来の物質的能力と前近代日本由来の封建的精神構造との「ユニークな結合」によってもたらされたものであるとしつつ、〈長期にわたって資本主義の内実を創りあげてきたイギリスと、それよりは急いだけれど地に足をつけた発展を可能にしたドイツと比較し、そのようなゆとりがないなかで即製の資本主義化がすすめられつつある日本〉という日本の弱さを指摘している。ヴェブレンの見通しは、次の発展を可能にするには物質的能力と精神構造を合致させる以外にはないということであるが、私の強調点は、かかる努力自体が「個性的／類型的」発展を生み出さざるをえないというところにある。

(13) ブローデル(一九九五)は、世界の時間を、長期にわたり変わらない自然(構造)・日々変化する現実(事件史)・画される時代(中期持続)の三つのレベルに分ける。ブローデルとはタイムスパンが相当異なるが、農業論・農政論にもこのような重層的な時間軸が必要なのではないか。本書は「中期持続」の観点からみた日本農業・農政論の再検討であるとも言える。

(14) 念のために補足したい。私は近代(化)によって失ったものを直視する視点がぜひとも必要だと考えているが、手のひらを返したようなポスト近代の主張にはむしろ「危うさ」を感じている。近代の達成したものはあまりにも大きく、その達成の意味を考えずして(しかもそこにどっぷりと浸かりながら)「ラディカルな」批判をしてみたところでカウンターイデオロギーとしての意味はありうるにしても、新しい「知」に結びつくとは思えない。大状況から黒白を決めるような議論は無意味であり、論点を具体的に示し丹念に腑分けしていくべきだと考えるのである。かかる私のスタンスは、これらの用語の使い方にも反映しているのであろう。

〈引用文献〉

石田雄『明治政治思想史研究』未來社、一九五四年。

ヴェブレン、T「日本の機会」("The opportunity of Japan" 一九一五)『日本農業発達史』第六巻、中央公論社、一九五五年。

ウエーバー、M(出口勇蔵訳)「社会科学および社会政策の認識の『客観性』」(一九〇四年)、『新装版・世界の大思想3 ウエーバー 政治・社会論集』河出書房新社、一九七五年。

ウオーラーステイン、I(本田健吉・高橋章監訳)『脱社会科学―一九世紀パラダイムの限界―』藤原書店、一九九三年(原著刊行一九九一年)。

小倉武一『小倉武一著作集』第五巻、農山漁村文化協会、一九八一年。

同 『同』第七巻、一九八二年a。

同 『同』第一四巻、一九八二年b。

梶井功「気がかりな農業主体の劣弱化」『農業と経済』富民協会、二〇〇一年四月号。

柏祐賢『農学原論』養賢堂、一九七一年。

加用信文監修『改訂日本農業基礎統計』農林統計協会、一九七七年。

喜多村理子『徴兵・戦争と民衆』吉川弘文館、一九九九年。

栗原百寿『日本農業の基礎構造』中央公論社、一九四三年。

齋藤仁『農業問題の展開と自治村落』日本経済評論社、一九八九年。

同 「日本の村落とその市場対応機能組織」大鎌邦雄編著『日本の村落とその市場対応機能組織』清文堂、二〇〇九年。

シンプソン、J・R(山田優監訳)『アメリカ人研究者の警告―これでいいのか日本の食料』家の光協会、二〇〇二年。

坂根嘉弘『分割相続と農村社会』九州大学出版会、一九九六年。

祖田修『農学原論』岩波書店、二〇〇〇年。

田代洋一『農業・協同・公共性』筑波書房、二〇〇八年。

棚橋初太郎『農家小組合の研究』産業図書、一九五五年。

帝国農会『農家組合』一九二八年。

トッド、E（石崎晴己・東松秀雄訳）『新ヨーロッパ大全Ⅰ・Ⅱ』藤原書店、一九九三年（原著刊行一九九〇年）。

中村哲『近代世界史像の再構成―東アジアの視点から―』青木書店、一九九一年。

同「近代東アジア史像の再検討―一九二〇～三〇年代の中国・朝鮮を中心に―」『新しい歴史学のために』No.一九〇、一九八八年三月号。

農林省農務局『農家小組合に関する調査』一九三一年。

原洋之介『北の大地・南の列島の「農」』書籍工房早山、二〇〇七年。

久野秀二「国連「食料への権利」論と国際人権レジームの可能性」、村田武編著『食料主権のグランドデザイン』（シリーズ「地域の再生」第四巻）所収（農山漁村文化協会、二〇一一年）。

ブローデル、F（金塚貞文訳）『歴史入門』太田出版、一九九五年。

三橋時雄『日本農業経営史の研究』ミネルヴァ書房、一九七九年。

渡辺侃治『農会経営と農業問題』橘書店、一九四一年。

渡辺尚志『百姓の力―江戸時代から見える日本―』柏書房、二〇〇八年。

第一章　現代農業革命と世界農業類型

はじめに

二一世紀世界農業の大局的な特徴を、工業原料生産としての農業ではなく食料農産物生産としての農業（同じ農業でも両者の意味は大きく異なることに留意されたい）に着目し、中枢と周辺（序章注11を参照）の関係に注目しつつ、ほぼ二〇〇年（産業資本の成立以降）のタイムスパンのなかでとらえれば次のように言える。

①産業革命とともに遂行された農業革命によりヨーロッパ「中枢」地域の農業は飛躍的発展を実現した。その後、②交通革命による西欧「周辺」地域からの低廉な農産物の大量流入により破綻し農業構造の大転換（一部の集約的園芸部門以外の大部分は畜産へ）を余儀なくされた（いわゆる一九世紀末農業恐慌）が、③二〇世紀最後の四半世紀において再度急発展を遂げ自らを巨大輸出地帯へと変貌させた（現代農業革命の遂行によるヨーロッパ「中枢」地域の「再制覇」）。

農業技術の飛躍的発展を背景にして農業構造改革に〈世界標準〉の位置を与え、〈農業をめぐる世界政治〉を一新させた二〇世紀後半以降の農業変革を、「現代農業革命」とよびたい。これはもちろんイギリス・ノーフォーク農業に端を発する（近代／イギリス）「農業革命」を意識したネーミングであり、言わば西欧（近代）農学の二度目のピークであることを含意している。しかし、世界にとっての意味はまるで違ったものであった。第二章で述べるように、近代農業革命は、農学が切り拓き生み出した地力再生産システム（生産力高度化と永続的生産の両立）の一つのモデルという側面を有していた。したがって、条件を異にする地域がそのまま導入することはできないにせよ、自然の能力とその循環的性格を最大限発揮させる「農学の思想」[1]として、農業発展を考える場合の重要な参照系（比較農法論）になりえた。それに対して現代農業革命は、農業の本格的な工業（脱自然）化という側面が強く、かつその生産力増強効果は巨大であり、それゆえに地域的差異を超える強力な普遍化への幻想と衝動をともなうものであった。それは農業技術革新の象徴として、世界が等しく目標とすべきモデル〈世界標準〉としての農業構造改革）として受け止められたのであり、現代農業をめぐる世界政治はここに独特の色合いを帯びることになった（第一節）。

しかし現実には構造改革受容力のばらつきは大きく、世界農業は新たな類型的格差を生み出すことにならざるをえなかったのであり、農業をめぐる世界政治の状況は、日本にとっては「失われた一〇年」（序章で紹介したシンプソンの「予言」）に帰しつつあるようである。しかし、グローバル化が肯定的な意味をもつためには、それにふさわしい（国民国家の時代とは異なる）「基本的人権」（これもシンプソンである）のあり方を支える思想と仕組みをつくらなければならない――そのように考える立場からは、個々の対立点ではなく諸類型が「世界」への射程をもったいかなるメッセージに支えられているかが気にかかる。このような観点からすれば、ひとまずは第一類型のアメリカおよび第二類型のEUが参照されるべきであろうと思われる。この二つのメッセージの意味を確認するとともに、第三のメッセージの必要性と可能性を考えたい（第二節）。最後に、「構造改革不能地域」とよんだ日本の農業構造改革現段階の状況を、二〇一〇年センサスからとりまとめる。

一　現代農業革命の歴史的位置

1　近代農業革命から現代農業革命へ

まずは、同じ西欧を起点にしておこった二つの農業革命を軸にして、現代農業革命の歴史的位置を概括しておきたい。二一世紀世界農業の大局的な特徴を、（工業原料生産としての農業ではなく）食料農産物生産としての農業に着目し、かつ「先進国と後進国」(2)の関係に注目しつつ、ほぼ二〇〇年（産業資本の成立以降）の流れをふまえてとらえれば次のように言える。

①一八世紀のヨーロッパ（本書では、南北アメリカとオセアニアなどのヨーロッパ植民の地を西欧新開地とよび、その母国であるヨーロッパを西欧旧開地とよぶ）農業は輪栽式（rotation system）とよばれる画期的な農法を生み出し、飛躍的な農業生産力発展を実現した。工業における産業革命と並行して遂行された農業における画期的な技術・生産力の革新を、産業革命（Industrial Revolution）にならい農業革命（Agricultural Revolution）とよんでいる。以上を「近代（西欧）農学の輝かしい勝利」であったと表現することは許されるであろう。

②その後、蒸気船と鉄道の開発・普及によってもたらされたいわゆる交通革命が、一転してヨーロッパ農業を苦難に陥れた。労賃も地代もけたはずれに安く圧倒的な価格競争力をもつ西欧周辺（ロシア）

や西欧新開地(南北アメリカ・オセアニア)の農産物が大量に流入したからである。このときに西欧旧開地を覆った長期の農業不況を一九世紀末農業恐慌とよんでいる。以後この地は、恒常的な農産物輸入を余儀なくされることになった。ヨーロッパ農業は、かかる事態への対応策として、その一部を集約的な園芸部門(イギリスではハイ・ファーミング high farming とよんだ)に組み替えつつ、耕種部門を大幅に畜産部門に転換した(椎名一九七三)。科学(近代農学)が低労賃・低地代に敗北を喫したこの時期こそ、「先進国は工業国/後進国は農業国」という国際分業の構図が最も真理性を帯びた時代であった。

③しかし驚くべきことに、二〇世紀最後の四半世紀において、西欧旧開地(ヨーロッパ)は再び農業生産力を顕著に発展させ、自らを西欧新開地に次ぐ巨大輸出地域へと変貌させた。これは、共通農業政策(CAP)の財政的支援のもとに当該期における科学技術の発展と工業化の成果が農業に積極的に持ち込まれたことが力となった。そして、西欧旧開地の大復活(食料輸入地域から同輸出地域への大転換)をもたらしたのが、農業構造改革の遂行であった。一八世紀西欧の農業革命を近代農業革命とよべば、かかる飛躍は現代農業革命とよびうるであろう。前者をもたらしたのは輪栽式農法(作付順序の工夫)であったが、後者を可能にしたのは機械化・化学化などに支えられた農業構造改革の遂行であった。

2 現代農業革命と農業構造改革

農業構造改革とは、多数の零細経営を淘汰し一部の大規模経営に置き換えること、創出された少数の経営体に政策的支援を集中しこれらの企業的経営体に産業としての農業をゆだねる(=農業構造を改革する）ことである。このような政策が国家によって強力に推進されたのには、以下のような事情があった。

二〇世紀は科学技術の発展に支えられた工業化の世紀であったが、その成果は農業にも積極的に持ち込まれた。化学化（肥料・農薬・除草剤などの飛躍的改良と大量投入）、機械化（耕耘・播種・取水・散水・防除・収獲・調製などの諸過程への機械力導入と電子・情報技術によるその高度化＝高度大型機械化体系の形成）とともにバイオ・テクノロジー（高品質・多収のF_1品種・遺伝子組み換え作物）の力により農業技術体系は一新された。しかし、これらの新技術を現実の生産力に結実させるためには、新技術の体系的導入を可能にする資本力と、その力を十分発揮させるに足る経営規模および経営能力が必要であり、このような質・量ともに卓越した力量をもつ経営体を急ぎつくり出すことが要請されたのである。

もっとも、開発された諸技術には、個別経営が担うには技術的適正規模が巨大すぎるもの（たとえば航空機による播種や防除）や技術的に困難なもの（たとえば世界的な生産・消費・価格動向あるいは気象変化のリアルタイムでの把握や技術・経営の高度な診断）もあるが、それらはむしろ個別経営から切り離し、農業サービス事業として自立化する方向がとられた。こうして「少数の選ばれた大経営＋公私の農業支援システム」という新しい農業構造の育成が目標とされることになったのである。前世紀末の世界農業問題の変貌——変化の中心には食料農産物輸入国から輸出国へのＥＵ（ヨーロッパ諸国連合）の転換があった——をもたらしたものは、これらの諸国における構造改革の成功であった。そして今や、構造改革こそが国際競争力を獲得する最高の手段であるのみならず、ＷＴＯ体制のもとでその達成度が経営合理化水準、したがってまた「各国農政の努力水準」を端的に表現する指標として「世界農業をめぐる政治」の決定的な武器になった。このようにして、農業におけるグローバル化は構造改革と密接にからんで進展してきたのである。

3　現代農業革命の歴史的意義

現代農業革命（構造改革）は、世界農業に次のような影響をもたらした。

第一は、農業生産における科学・技術と資本の優位性が再度確認されたことである。一九世紀末農業恐慌がつきつけた「先進国は工業国、後進国は農業国」という常識は今や、「先進国とは工業とともに農業をも発展させた国、後進国とは工業のみならず農業も崩壊させた国」という新しい常識に置き換わった。このどちらにもあてはまらない日本は、「農業のいわば安楽死（総兼業化）を通じた〈過剰な工業化〉という途をたどった〈例外国家〉」とでも言えようか。(3)

第二は、世界各地の多様な農業を、構造改革への適性いかんによって強引にふるい分けたことである。WTO体制のもとで農産物貿易の世界化が推進されるとともに世界農業は価格競争力に基づいて序列づけされつつあるが、そこでは構造改革の成否が決定的な意味をもつからである。さらに、価格競争力に乏しい国々が一定の国境措置を要求することに対しては、農業生産を合理化することを前提にして保護主義的な国境措置を廃止することが要求された。ここにおいて構造改革は一つの〈世界標準〉の位置を占めるに至ったのである。

第三は、第二の点と関連して、経済規模で言えばとるにたらない農業をめぐる貿易問題が、WTO体制下の最大の政治問題の一つに浮上したことである。興味深いのは、先進国／後進国という対立とともに農業旧開国か農業新開国かの対立が大きな意味をもったことである。それは農業構造改革への適性とともに農業の意味と役割の把握のしかたの両面において、大きな対立軸を構成したからである。

では、現代農業革命（構造改革）は、世界農業をどのようなグループに切り分けたのであろうか。

二 現代農業革命が生み出した農業類型

1 現代世界農業の諸類型

現代の世界農業は、現代農業革命（構造改革）への適応力に応じて、表1－1に示すような諸類型に分化した。分岐を生んだ主な条件は、農法および新開地か旧開地かの差である。

第Ⅰ類型は「構造改革不要地域[4]＝西欧新開地型農業」とよぶべきものである。これは、ヨーロッパ（西欧旧開地）からの移民が先住民の広大な土地を奪うことによって成立した言わば「新開地」型農業であり、これまで独自の構造改革をほとんど必要としてこなかった国々である。北アメリカとオセアニアがその典型であり、より古い植民史をもつ南アメリカもそれに準じた条件をもっている。土地所有と歴史の制約から最も自由なこれらこそ、第Ⅱ類型の台頭にもかかわらず依然として現代世界農業市場における最強グループである。

表1-1　現代農業革命下の世界農業類型

	類型名称	典型諸国・諸地域
第Ⅰ類型	構造改革不要地域	西欧新開地…北アメリカ・オセアニア・（南アメリカ）
第Ⅱ類型	構造改革達成地域	西欧旧開地…ヨーロッパ
第Ⅲ類型	構造改革不能地域	東アジア地域…日本・韓国・台湾・（中国・東南アジア諸国）
第Ⅳ類型	構造改革未然地域	アフリカ地域

注）「典型諸国・諸地域」における（　）内は，必ずしも典型とは言えないがそれに準じるもの。

第Ⅱ類型は「構造改革達成地域＝西欧旧開地型農業」とよぶべきものである。「新開地」（第Ⅰ類型）への植民者たちの母国であり、近代農業革命発祥の地であり、そして前世紀末の現代農業革命の遂行により食料農産物過剰を世界農業最大の問題に押し上げたヨーロッパ（西欧旧開地）農業のことである。これらの地域（主に独・仏をイメージしている）では、ある歴史時点では日本と同様の強力な村落規制を成立させながらも、近代への移行過程で農業構造の大再編（近代農業革命による農民の自立性強化と一九世紀末農業恐慌を契機とする耕種から畜産への転換）を通じて村落規制を風化させ競争的環境を醸成し、その基盤のうえに大胆な構造改革を実現させた国・地域である。

第Ⅲ類型は「構造改革不能地域＝アジア地域型農業」ともよぶべきものである。上述の二つの類型とは別に、構造改革の必要性が痛感され政策的努力が傾けられてきたにもかかわらず、農法的個性と歴史の重みに妨げられて経営地の分散と過小性（零細分散錯圃制と言う）や混住的農村構成を克服できず、農業の不利性が急速に拡大してきた国々がある。その典型は日本・韓国・台湾等の東北アジアの国・地域であり、解放後の中国もそれに準じている。構造改革が政策的課題であったかどうかを問わなければ、人口圧の高さと混住性・多就業性で特色づけられる東南アジアの多くの諸国・地域も、構造改革がリアリティをもちえないという点では同じである。

第Ⅳ類型は「構造改革未然地域＝アフリカ地域型農業」とでもよぶべきものである。以上の類型とは別に、農業において自然経済的性格が強く残り、いまだ構造改革の必要性が自明のものとはなっていない国・地域もまた存在している。これらの国・地域においては、しばしば農民の意向とは別に国家もしくは資本の利害から商品作物(たとえばパームヤシ・綿花・コーヒー・カカオ・サトウキビなど)が半ば強制的に栽培されており、巨大なプランテーション経営も存在しているが、いずれも農民経営の発展論理とは無縁である。このような地域はアジアにも南米にもあるが、とくにある地域に代表させるとすればアフリカであろう。

なお「構造改革不能地域」という言い方に対し、「困難」ではあっても「不能」ではないという批判をいただいている。実際、私自身が「日本型農業構造改革を考える」という表現を併せ使っていることも混乱をよぶ要因であろう。「不能」と主張する場合の対象はグローバル化時代に流布されているあいまいかつ安易な〈世界標準〉である。「日本型構造改革に取り組むことは必要であるが、それはWTOが想定する構造改革とは〈方式〉〈テンポ〉も〈効果〉も明瞭に異なる。そのことをあいまいにせず内外に明言せよ」と主張したいがための表現であった。

2　対立構図と二つのメッセージ

以上の四類型はあくまで構造改革適合性基準でみた分類であるから、WTO下の対抗図式と完全に重なるわけではない。WTO下の諸対抗には、（1）農業構造改革適合性、したがってまた農産物市場における競争力、およびそれと密接にからんだ農産物市場へのかかわり方（輸出国か輸入国か）のみならず、（2）農業の多面的機能をはじめとする「非貿易的関心事項」に対する評価と（3）「開発途上国」の置かれた状況の固有性に対する配慮という二点をめぐり大きな対立があるからである。（2）は、主要には長い農業の歴史をもつ旧開地（第Ⅱ類型と第Ⅲ類型における東北アジア）の関心事であり、新開地である第Ⅰ類型諸国と「途上国」的性格が強い東北アジアを除く第Ⅲ類型と第Ⅳ類型諸国は概して批判的である。（3）は「先進国」に対する「後進国」の自己主張であるから、第Ⅰ類型の亜類型として分類したブラジルも第Ⅰ類型・第Ⅱ類型の圧倒的多数派（先進国）とは鋭く対立するし、第Ⅲ類型と大括りできるにもかかわらず日本と中国（インド）は別グループとして行動している。一貫して先進国主導ですすめられてきたWTO体制をめぐる議論のなかに、「途上国」が自らの利害をとりまとめつつ明瞭な政治勢力として登場してきたことが、近年の大きな変化であった[5]。これらの諸対立を具体的に追うことはしない。本書の関心は、このような諸対立のなかで個別問題状況を乗り越えた、言わば「世界を対象にしたメッセージ」がどのように提示されているかということである。

(1) アメリカ(第Ⅰ類型)における「自由」

「競争の全面的肯定」と「科学技術と経営能力および資本の卓越」および「歴史(土地所有・土地利用の制約)の欠落」という組み合わせをもつ第Ⅰ類型(西欧新開地)こそ世界農産物市場における最強グループであり、実際彼らこそ農産物自由貿易の熱心な主張者である。第一類型において、「世界」へのメッセージ力をもったイデオローグはアメリカである。ただアメリカは、部門によっては競争力がともなわないため、たとえば日本に対しては価格競争力のある中級牛肉の自由化を強制しつつオーストラリアから流入する低級牛肉に関しては保護を主張するなどという、ダブル・スタンダードを平然ととっている。この意味でアメリカは、経済(農業)大国というよりはむしろ経済(農業)的実体を上回る政治大国としての性格が際立っている。

第一類型のイデオローグとしてのアメリカの主張を一言で示せば、「自由」である。ここでは、「自由」こそが現代世界を覆うさまざまなセクショナリズムを打破し、市場の普遍的拡大を通じて世界のすみずみに文明を届ける力をもつ二一世紀(「歴史の終わり」[6]以降の)にこそ必要な世界思想だとの信念に、深く裏づけられている。しかし、「自由(貿易)」こそがしばしば最強国家のイデオロギーであり、劣位に立つ諸国における「不自由」であったという歴史が教えるように[7]、現在は(かろうじて最強国の位置にある)アメリカこそがその最も声高な主張者たりえ、しかも他の価値を圧倒する一方的な「正義」として唱えられるという「強い介入性」をもっている。しかも、相手と場面に応じて手のひらを返すように使い分けられる「自由」であるところにその際立った特徴がある。

加えて、農業新開地であることが彼らの農業観を独特のものにしている。新開地における農業は自然を拓き制圧するという側面が強く、ポスト開拓期がもつ屈折に満ちた共生局面（祖田修の言葉を借りれば「形成均衡」(8)）の体験が乏しい。この社会が認知してきたものは主要には「農業の自然略奪性」であり、「農業の生み出した二次自然の意味」とか「農村という社会空間の意味」などという論点にかかわる歴史的経験を欠いているのである。近年アメリカではＬＩＳＡ（Low Input Sustainable Agriculture 低投入持続型農業）やＣＳＡ（Community Supported Agriculture 地域に支えられた農業）などの運動に対する関心が高まっていると言うが、これは上述のような状況への一つの先端的な対抗運動であるようにみえる。社会の側・生活の側から農業的自然に対する新たな視座が生み出されつつあることを示すのであろう。このような新たな動きをともないながら、しかし一つの政治単位としてのアメリカは、世界が受容すべき正義としての「自由」の、使命感すら帯びた強引な主唱者として存在している。

（２）ＥＵ（第Ⅱ類型）における「環境・文化」

構造改革の成功により巨大な輸出力をもつに至った第Ⅱ類型（西欧旧開地）は、しかし価格競争力では第Ⅰ類型に劣り、また戦後の政策過程で農業保護コストを膨張させ財政問題を逼迫させてきたという困難を抱えている。このような事情と同地域が歴史的に培ってきた社会意識の高さを反映して、「環境と文化」を二一世紀における自らの主張をかたちづくるキーワードに選びとっている。アメリカを中心とする「自由」の一方的な主張がはらむ「暗部」（強者の支配と画一化）は一九世紀以来の自由貿易の歴史をみれば明らかであり、今や地球の運命にかかわる問題としてクローズアップされてきた「環境」と、それぞれの地域がもつ固有の「文化」を守り発展していくようなあり方こそが、二一世紀にふさわしい〈時代精神〉だということになる。このような論理を掲げることにより、「外」に対しては「環境と文化の固有性」を破壊するような過度の輸入圧力に対する防波堤を用意することができ、「内」に対しては農業保護水準の切り下げを、「環境・文化視点を重視するがゆえの農業粗放化」という新しいパラダイムとして、要するに「世論の支持」を獲得しつつ行なうことを可能にしている。

第Ⅰ類型とは異なり農業と農村の長い歴史をもつことが、これらを守るべき一つの価値としてとらえる視座を生み出しており、この点において第Ⅲ類型と大きな共通項をもっている。しかし違う点が二つある。一つは、農業・農村の位置づけに関して経済(政策)と社会の間に深い亀裂がある第Ⅲ類型とは異なり、国民的合意の水準ははるかに高いと考えられることである。いち早く産業革命を経験したこの地は、工業被害や森林減少などの自然破壊もまた世界に先駆けてかつ深く体験することになり、畜産が肥大化していく過程で農業もまた汚染源としての性格を顕わにしていった。近代化過程がもたらすこれら負の側面を長期にわたり自覚的に見つめつつ対応することが可能であったことが、この地における合意の水準を引き上げているのであろう。

二つは、農耕の長い歴史をもつという点では同じであるにしても、その性格には大きな差異があることである。次章でみるように、この地では早い時期に農村共同体の規制力が大幅に解体され、競争的環境が強化されていったからである。ヨーロッパが旧開地でありながら農業構造改革に大きな対応能力を示した理由はここにある。日本では「小農(家族経営農業)制農業だという日欧の共通性」が過度に強調されてきたが、両者の性格と置かれた環境にはきわめて大きな差異があることに留意しなければならないのである(第二章を参照されたい)。

本書の主要な関心は、日本農業とその対極にあるアメリカ・オセアニア、要するに旧開地と新開地の比較ではなく(これはあまりにも自明である)、同じ農業旧開地でありながら構造改革受容力において鮮やかに成否を分けたヨーロッパと日本の違いであり、副次的には同じく旧開地であり構造改革受容力に乏しいアジア内部における日本の個性を明らかにすることにある。この二重の比較を通じて、日本農業の発展論理を考えることにしたい。

(3) 第Ⅲ類型・第Ⅳ類型における主張の未形成――「多様性」を論点にできるか

構造改革への適応が困難な第Ⅲ類型(典型=東北アジア)・第Ⅳ類型(同アフリカ)に属する多数の国々は、各々の実情を訴えながらも、それらを世界に影響を与えるようなメッセージに束ねられないでいる。

第Ⅲ類型のコアをなす東北アジア諸国・地域(日本・韓国・台湾。以後、台湾も「諸国」のなかに含める)はいずれも食料農産物輸入国であり、程度の差こそあれ自国農業の保護が必要とされてきた。しかも東アジア経済圏が成長するなかで、亜形態である東南アジアや中国との貿易量が飛躍的に拡大してきているため、相互の分業・依存関係が拡大されてきており、経済圏としての共通項とともに各々のポジションを反映した利害関係が明瞭になってきている。とりわけ、大なり小なり輸出志向性の高い工業化をすすめてきたこの地域では、輸出力の強化には「より安い食料の確保」が必要とされ、輸出量の拡大には「その見返りとしての輸入」が要請される。農業における新たな域内分業が必要とされる強い傾向が働いているのである。このようななかで日本・韓国は世界農業の多様性を主張し、西欧における条件不利地域（ノルウェー・スイス）とともに農業のもつ多面的意義などの「非貿易的関心事項」への配慮を主張するG10を結成した(9)。他方、中国・インドはブラジル（第Ⅰ類型の亜形態）とともに「開発途上国」という共通項に基づきG20を結成し、「先進国には徹底した自由化を、途上国には広範な特例を」という主張を行なった。とくに後者は、WTO論議における先進国の主導性に対する初めての強力な批判となった。

第Ⅲ類型諸国は、等しく構造改革不能地域でありながら、その対応策と正当化論理は、「農業の多面的意義／非貿易的関心事項」と「先進諸国の責任／発展途上国に対する配慮」の、大きく二つに分断されていると言えよう。同じように農業保護の重要性を主張するにしても、世界システム上の根本問題（先進国の責任）を鋭くついた後者のほうがはるかに根底的であり、先進諸国も無視するわけにはいかない。このような構図のなかでは、日本は世界最大の農産物輸入国でありながら、アメリカ・オセアニア連合とは別に同じアジアの国々からも「先進国の責任としての自由化」を迫られることになる。

さらに、日本などの主張する「農業の多面的意義」そのものが、自国の特殊性が前面に出ており世界に届く射程（思想的深み・包括性）を有していないという問題がある（序章におけるシンプソンの指摘を参照されたい）。あくまで世界論・世界像として構成するという姿勢を堅持できないと、「例外性」の弁明と「戦術的」行動に限定され、交渉が行き詰まった結末は、これまでの主張の全面的放棄すなわち手のひらを返すような方向転換にもなりかねない。二〇一〇年一二月に報じられた米韓FTAの合意と二

○一一年一月の民主党政権によるＴＰＰ参加(「平成の開国」)宣言はその象徴であったように思う。両国政府は自国農業の「例外性」を主張するという「無理」を続けるよりは、ＷＴＯ体制を所与のものと置き、輸出指向型資本主義として生きのびる途を選択したのであり、国民に対してはむろん世界に対するメッセージの提起(シンプソンの言う「リーダーとしての立場」を選ぶ途)を放棄したのである。

(4)「多様性」(の相互補完)を第三のフィロソフィーにするために

巨大な利害がからむ現実世界にあっては、「多様性」[10]それ自体は利害対立の多元的可能性でしかなく、思想としての力をもたない。それがアメリカの「自由」やＥＵの「文化」「環境」などと同じような「力をもったメッセージ」(二一世紀世界のフィロソフィー)になることができるのは、①多様性を貫く広く世界に共通する利益が確認されるか、②直接の利害はなかろうと多様性を主張することの「意味」や「正当性」を明瞭にできるか、のいずれかであろう。日本は農業のもつ多面的意義(非貿易的関心事項の重み)を強調しつつ「多様な農業の共存」を掲げたが、それが影響力をもたないでいるのは、上記二つの内実を欠くために、世界が共感する要素を欠いているからである。また、日本の主張は農業だけを語り、工業輸出大国路線をひたむきに走ってきたという自らの国民経済総体に対する省察も欠いている(第Ⅲ・Ⅳ類型の多くの国々が、工業製品輸入の多さに見合う農産物等第一次産品輸出の拡大を日本に求めるのはごく自然であろう)からである[11]。

しかし、①に関連して言えば、これらの国々の多くが食料輸入国であるというだけではなく、多かれ少なかれ食料自給を犠牲にして商品作物に特化するという対応を余儀なくされているために、土地利用の不適正化（利用率の低下・地力の減退）のみならず土地荒廃と結びついている場合が少なくないという実情がある。短期的利益に基づいた国土資源の利用はさほど遠くないうちに収拾困難な荒廃を生む確率が高いし、都市・農村の分断を深刻にする可能性も高いであろう。「多様な農業の共存」という主張を、これら途上国が置かれた状況を含み込んで語ることができればその内実（世界における意味）を具体的で豊かなものにでき、「自由」や「環境と文化」（これは何よりも「豊かな国々」の価値観と利害を反映している）より、はるかに魅力的なメッセージになりうるはずである。実際、（無限定な「自由」は論外であるにしても）「環境」も「文化」も第Ⅲ・Ⅳ類型においてこそはるかにシリアスな課題となっており、その解決は「多様な農業の共存」を明確に承認することの彼方にしか見出せないであろう。

そのことは、ただちに②の論点につながる。すでに「多様性」というメッセージには日本のみならず世界の多数を占める食料輸入国（そのほとんどが発展途上国に重なっている）の利害が含まれているだけではなく、第一グループの「自由」や第二グループの「文化・環境」のあり方にも修正を要求できるところにきているからである。序章で紹介したように、シンプソンの立論は「世界に例を見ないようなユニークな農業の姿をもつ日本農業（すなわち多様性）の存在価値を「基本的人権」の見地から認めるとともに、そのためにこそグローバル化世界における「基本的人権」という論点にも習熟することが必要だとするものであった。これまでの「国民国家の時代」には、憲法が適用される範囲（国民国家／国民）における権利の平等化が当然の達成課題とされ、究極のモデルとして「福祉国家」が受容されていた。(12) シンプソンはこれを「国民」にではなく「諸国家」の関係に対し適用したのだが、「多様性の相互補完」もまたグローバル化世界における「基本的人権」(民主主義)の問題として再定義すべきなのだと思う。「自由」も「文化・環境」も、「多様性の相互補完」という「基本的人権」(民主主義)を前提としてこそ肯定的意味をもちうるのではないか。(13)

三　日本農業構造改革の到達段階——二〇一〇年農業センサス結果

先に日本は構造改革不能地域としての第Ⅲ類型に属すると述べたが、実際には何がどのように取り組まれ、どのような結果をもたらしたのだろうか。本節では二〇一〇年センサスが示す最新の到達段階を概括することを課題とするが、その前に日本農業構造改革の特徴を示す農地流動化(農地の売買や貸借により農地の所有権や利用権が動くこと)手法の変遷を簡単にとりまとめておきたい。

1　農地流動化手法の変遷

日本における農業構造政策の起点は一九六一年に制定された農業基本法で「自立経営農家」(都市勤労者の収入と同程度の農業所得を得ることができる農家のこと)育成がめざされたところにあり、以来すでにほぼ五〇年の歴史をもっている。農業近代化の言わば切り札とされながらその歴史は平坦ではなかったが、その苦闘は農地流動化手法の変遷に端的に示されている。

初期(一九六〇年代)には売買を通じて自立経営農家が形成されることが期待されたが、もともと農地は先祖代々継承した家産（家が代々継承すべき財産）としての性格が強いうえ高度経済成長とともに資産価値も上昇し、双方の事情があいまってほとんどすすまなかった。以後農政は売買による農地流動化に見切りをつけ、農地改革以来の自作農主義のしばりを緩和しつつ、売買ではなく貸借（借地）による規模拡大を奨励した。しかし農地法の規定する強い耕作権（小作人の耕作継続権）を恐れて容易に貸し出さず、これもまた一向にすすまなかった（ただし、農地法の適用を避けた脱法行為——当事者間でプライベートに取り決めた土地貸借＝「闇小作」はずいぶん広がった——一九七〇年代）。このような事態に対して、農地法の適用外として耕作継続権のない（法的には、自動的に次年度に返還することになる）新たな借地形態（利用権とよんだ）をつくり出した。しかしこの方法では、貸し手側は安心できても肝腎の借り手側の経営は極めて不安定になるため、構造改革の実質をなさない。したがって、このような借り手側の不安を、「ムラ」（集落のなかの衆人の目）が不当な土地引上げ（利用権更新の拒否）を許さないよう見守ることで担保しようとしたのが一九八〇年の農用地利用増進法であった。同法は、借地側の権利を決定的に弱めることにより借地の拡大をめざし、そのことによる経営不安をムラ（の社会慣行）によって支えるという、まことにアクロバティックで日本的な制度であった。以後、「規模拡大」のほとんどは利用権設定によるものとなったのである(14)。

なお、その後は単なる「農地流動」ではなくそれを「規模拡大」に結果させるための法整備が続く。一九八九年の農用地利用増進法の改正は、「市町村による農業構造改善目標の設定」「受け手による農業経営規模拡大計画の作成」「農協による受託農作業のあっせん促進」を付加した。さらに一九九三年制

表 1-2　大規模農家の形成状況（都府県）　（単位＝戸）

	5 ha 以上計	5〜10 ha	10〜20 ha	20〜30 ha	30〜50 ha	50〜100 ha	100 ha〜
2000 年	43,438	35,783	7,655				
2005 年	50,474	39,577	8,985	1,306	450	95	11
2010 年	57,723	43,259	11,676	1,921	701	150	16

注）各年度「世界農林業センサス」より作成。

定の農業経営基盤強化促進法は、明示的に「認定農業者」への利用権設定等の集中を目標としそのための助成措置を強化したのである[15]。

2　到達点——二〇一〇年農業センサスが示すもの

構造改革の到達点を「農家」についてみたものが表1－2である。上層が増えていることは間違いない。二〇〇〇年センサス結果に対し、梶井功は「五ha以上戸数」の伸び率はともかく絶対数が少なすぎることを批判したが、二〇一〇年センサスでは、最上層を「五ha」で区切ること自体が実態と乖離することになった。同表にみられるように、両センサスを比較すれば、一〇ha以上層はほぼ一・九倍となり、一万四〇〇〇戸を超えるに至った。「五ha」以上という区分では把握できない大経営が増加してきたことをまずは評価する必要があろう。さらに農家以外の組織経営体を含む「農業経営体」についてみれば、規模拡大傾向はさらに顕著で（表1－3）、二〇〇五年と一〇年の五年間に、三〇ha以上層は二・四倍以上に増え、一〇〇ha以上の最上層もほぼ倍加した。

これらの変化は確かに注目すべきものである。しかし、もともと母数が小さすぎたから変化率が大きく表れているという側面が強く、絶対数でみる限り過大な評価は禁物である。五ha以上の農業経営体すべてを合わせた経営耕地面積シェアはいま

表 1-3　2010年センサスが示す大規模農業経営体の増加状況と経営面積シェア（都府県）

（単位＝経営体・%）

	2005年 経営体数	2010年 経営体数	同経営面積 シェア
5～10 ha	41,098	45,538	11.9
10～20 ha	10,536	14,295	7.4
20～30 ha	2,069	3,930	3.7
30～50 ha	1,050	2,560	3.7
50～100 ha	459	1,169	3.0
100 ha以上	159	321	2.4
以上合計	55,371 (2.8)	67,813 (4.2)	32.1
農業経営体 総数	1,954,764 (100.0)	1,632,484 (100.0)	100.0

注）「2010年世界農林業センサス結果の概要」より作成。

だ三二・一%にすぎない。また、香川（二〇一一）が指摘するように、農業経営体でない農家やさらに規模の小さい農地を有する世帯を含めれば，生産資源としての農地は依然として上層には集まっていないと言わざるをえない。これらの層がもつ経営耕地も含めて考えれば三割をきることは確実であり、他方五〇ha以上の大規模経営には放牧地や採草地等を必要とする畜産経営なども少なからず含まれているからである。香川の結論は「したがって、構造改革の本丸である都府県の耕種農業に関しては、現在のところ構造改革は十分には進んでいないし、借地を精力的に受け入れ、一層の規模拡大をめざすことができるようなたくましい農業経営が割拠している状態にはいまだないといえる。少なくとも、『一〇〇ヘクタール規模の農業経営体を一万程度育てる』ような状況にはなっていないとみるべきだろう」（二七頁）である。私はこの評価が妥当であると考える。

注

（1）この表現は、椎名（一九七六）の書名からの借用である。同書は「物質代謝論」に支えられた永続の思想を

「農学の思想」と位置づけるとともに、リービヒとマルクスの貢献を高く評価しており、興味深い。

（2）経済指標だけで先進国／後進国などと分類し、かつウオーラーステインが言うように（序章の注11を参照されたい）、パイをめぐるヘゲモニーという論点を外して「どの国も先進国化できるかのような欺瞞」を与える呼称はよいとは思えない（発展途上国という「マイルド？」なよび方をしても同じである）が、本書では、世界市場への編入時期で国民経済・社会が受けたインパクトの違いを問題にしたいので、時期の前後をさして先進・後進（その中間としての中進）という呼称を用いたい。

（3）「工業化」とは金融が中心にすわった現代においては妥当な表現ではないが、「非農業部門の拡大」という意味で使用する。

（4）アメリカ農業の競争力が多分に国家（農業支持政策）によって支えられていることは自明であり、「構造政策不要地域」というのは明らかに言いすぎである。しかしここでは、他類型との類型（論理）差をクリアに示すための表現としてご了解いただきたい。

（5）作山（二〇〇六）が多面的機能という論点をめぐる対抗軸を具体的に分析しており興味深い。

（6）フランシス・フクヤマ（一九九二）の書名。歴史（階級闘争／それを反映した冷戦）に勝利したアメリカの新保守主義の自負が示されている。

（7）たとえば毛利（一九七八）。〈一九世紀イギリス＝自由貿易＝帝国主義〉とのアナロジーで言えば、現在「新自由主義」と称されているものの正体は「新自由貿易帝国主義」と言ってもよかろう。

（8）祖田（二〇〇〇）。その現代的含意を次のように言う。「私は現代における人間と自然の関係を、『人間の構想力による形成均衡の原理』上に立つべきものと考える。人口の爆発、人間活動の巨大化、それに伴う諸問題の生起した現代において、もはや人間の深い反省と自覚を背負った総合的構想力の下で、人間と自然との、その時々における最大可能な望ましい均衡点を、模索形成していく他はない」(二八頁)「農業・農学における人間と自然の関係は再構築されなければならない。また農学は単なる生物生産学から、生命系の総合科学へと形成されなければならない」(二八〜二九頁)。

(9) 作山(二〇〇六)を参考にした。

(10) 祖田(一九八九)は、アグリミニマム(農業の最小限)とともにインダスマキシマム(工業の最大限)を定めるという考え方を提言した。

(11) 「生物多様性」を守ることが地球の豊かさを守ることだという主張はほぼ世界の合意をみていると考えられるが、興味深いことに、「農業(人と自然の関係性)の多様性」も世界の豊かさの一つであるという主張は「時代に逆行」するものとみなされ非難される。要するに「生物多様性」の「生物」には「人」は含まれていないのである。それは、生物は「受動的存在」でしかないために「棲みわけ」というかたちで自らを保持してきたのであり、対する「人」は、科学技術(普遍性の獲得)を武器にして自然統御能力を刻々増大させてきた「能動的」存在、したがってまた「普遍化能力を強く帯びた存在」だと考えるからである。このような思惟においては、「自然」(多様な生物の共存)をみる「温かな目」とは裏腹に、「あらゆる場面での格差・差別化」というグローバル化社会の本質的な恐さには不思議なほど鈍感になる。グローバル化時代に必要とされる世界論の中軸には、国民国家という単位性を急速に弱めつつある人間同士が「棲みわける」方途をつくり出す、という全く新しい努力が置かれる必要があろう。「生物多様性」のなかに明示的に「人(すなわち人間社会の)多様性」が含み込まれるべきであろう。なお、「自然と人間を峻別するな」という主張は、人間を自然に等置する(まして人間の上に自然を置くこと)ことを意味しない。「人間と自然の位置を転倒させたエコロジー」の恐さは、たとえば藤原(二〇〇五)。ナチスの大量虐殺がエコロジーへの傾倒と同居したどころかむしろその促進剤として機能したことが具体的に明らかにされている。なお、野田・友澤(二〇〇七)は、人間を真正面から見つめない「環境」論の危うさを問題にしたものである。

(12) 国民的平等の追求は、同時に「国民とはみなされない者」への差別と排除を強化した。近年の社会科学の問題関心の一つは、国民国家が「近代化」「民主化」の陰ではらんだ国民国家内部のマイノリティに対する差別・排除の実相を明らかにすることである。

(13) いわゆる国民国家論は、上述のような国民国家の本質的抑圧性を問題にしその「解体」を主張するが、これだけでは(その本来の趣旨とは反対に)デレギュレーションに全面的な信頼を寄せる新自由主義的グローバリズムと同じである。国家(政治)・大企業(経済)・国民(生活)の利害のずれが拡大してきている現実をこそ直視し、「多様性の相互補完」の論理と実態を形成するうえでの国家の役割は、今極めて大きい。

(14) 農用地利用増進法は、市町村レベルで「農用地利用増進計画」を作成し(第六条)、その計画を「公告」し(第七条)、そのことにより当該地の当該計画に基づき「利用権が設定され、若しくは移転し、又は所有権が移転する」(第八条)。以上のように、個別の農家・農地ではなく「地域単位の集団的農地流動化手法」であるところが本法の新しさであった。

長年農地行政に携わってきた関谷俊作は、農用地利用増進法の考え方とそれが登場した経緯を次のように述べる。「農林水産省の先輩である東畑四郎氏(昭和五五年一〇月没)はかねてから『農地の自主的管理』という言葉に当たる考え方を持っておられた……やはり農林水産省の先輩である大和田啓気氏(昭和六一年没)は、昭和四五年の農地法改正の後、一時賃貸借を活用して農地流動化を促進することを提案されていた。このことは農地法とは別の『農地の集団利用』の方式を設けることによって実現することが可能になった……それにしても、農地制度の新しい仕組みについての理念ないし構想が、伝統ある賃貸借の保護という農地法の基幹的な限定の適用を一部排除して制度化されたことは、およそ法制の歴史において類例の稀なことと考えられる」（関谷二〇〇二、二四六～二四七頁）。「農用地利用増進法の制定に至る制度の検討は、実は『農用地利用協定』の構想を出発点としている。それは集落のような農村の小地域で、農用地を有効に利用することを目的として、農業者が合意をし、その合意、すなわち協定を実現するよう活動する、という構想であった」（同二四九頁）。

（15）このパラグラフは島本（二〇一一）、二一～二三頁を参考にした。同書は表題どおり「地域農業の再生」という視点からの農地制度評価であり興味深い。なお、「認定農業者」とは市町村が意欲・能力がある担い手を特定したものであり、農業基本法（一九六一年）における「自立経営農家」（専業家族経営として勤労者の所得水準と均衡しうる農家）、「八〇年代の農政の基本方向」における「中核農家」（基幹男子農業専従者がいる農家）の相次ぐ破綻を経て創り出された、政策が育成対象とする新たな「担い手」像である。二〇〇四年度の一八万二〇〇〇戸（うち法人七〇〇〇戸）から二〇〇九年度の二四万六〇〇〇戸（同一万三〇〇〇戸）へと増加したもののその伸びは鈍化しており、政策側の期待に応えているとは言えない。なお「自立経営農家」は一九六〇年の五二万一〇〇〇戸から一九八〇年には二四万二〇〇〇戸にまで減少した（一八頁）、「中核農家」も一九八〇年の一〇三万三〇〇〇戸から二〇〇五年には三〇万四〇〇〇戸へと急減した（統計ライブラリ中核農家数〈都道府県別〉）。

なお同書第九章・楜澤（二〇一一）は日本的な農地制度のありようを主に法思想という側面から戦前・戦後をとおして整理しており示唆に富む。ただ、戦後農地法制の基本理念を「耕作者主義」「農地の自主管理」だとしたこと（二四一頁）、および「……制度上徹底したということができない（が——野田）……利用増進法は、むら＝農業集落をついに法の舞台に登場させたという点で画期的である」（二三八頁）という指摘は大いに刺激的ではあるが、（日本における農地制度のあり方を示すものとしては大いに共感するものの）あまりにも評価が高すぎる。かかる印象をもった過半は、「法内在的」な評価に限定されているのであろう本論文を「現実」の側から読み込んでしまったところにあるのであろうが、それにしても、なぜかかる「法の理念」がかくも無力であり続けてきたのかを知りたいところである。

〈引用文献〉


ウォーラーステイン、I（本田健吉・高橋章監訳）『脱社会科学――一九世紀パラダイムの限界――』藤原書店、一九九三年（原著刊行一九九一年）。

香川文庸「わが国農業の基本構造と農業経営体調査」『農業と経済』昭和堂、二〇一一年五月号。

楜澤能生「むらと農地制度」原田純孝編著『地域農業の再生と農地制度』（シリーズ「地域の再生」第九巻）農山漁村文化協会、二〇一一年。

作山功『農業の多面的機能を巡る国際交渉』筑波書房、二〇〇六年。

椎名重明『近代的土地所有―その歴史と理論―』東京大学出版会、一九七三年。

同『農学の思想―マルクスとリービヒ―』東京大学出版会、一九七六年。

島本富夫「戦後農地制度の改正経緯とその効果・影響」原田純孝編著『地域農業の再生と農地制度』（シリーズ「地域の再生」第九巻）農山漁村文化協会、二〇一一年。

関谷俊作『日本の農地制度新版』農政調査委員会、二〇〇二年。

祖田修『コメを考える』岩波新書、一九八九年。

同『農学原論』岩波書店、二〇〇〇年。

農林水産省　統計ライブラリー
http://www3.pref.gifu.lg.jp/cstat/statisticsDetail.do?tableCd=01202041
野田公夫・友澤悠季「『地球を救う』は人を救うか?」竹本修三・駒込武編著『京都大学講義「偏見・差別・人権」を問い直す』京都大学学術出版会、二〇〇七年。
フクヤマ、F（渡部昇一訳）『歴史のおわり』三笠書房、一九九二年（原著刊行も同年）。
藤原辰司『ナチス・ドイツの有機農業―「自然との共生」が生んだ「民族の絶滅」―』柏書房、二〇〇五年。
毛利健三『自由貿易帝国主義―イギリス産業資本の世界展開―』東京大学出版会、一九七八年。

第二章　日本農業の農法的個性

――農業発展における自然の規定性

はじめに

農業は大地のうえに成り立つものであり、「何をつくるか」と「いかにつくるか」の両面において自然の規定性を強く受ける。そして、自然に向き合いつつ農業を安定的に営むためには種々の協業が不可欠であるため、「何を」「いかに」という問題は農業組織や農村社会のあり方にも大きな影響を与える。これらの問題につき、水田農業を中心にして「自然」が規定する日本農業の個性を概括したい。ここでは農法という言葉を（時空をもった）「現場で機能する農業技術総体」の意味で用いる。生産諸要素とその相互連関に力点を置いた言わば骨格をイメージさせる農業技術（体系）とは異なり、それを空間的・時間的広がりのなかで総合的に把握したもの、すなわち土地利用や労働過程の視点をふまえて再把握したものとしてとらえるのである。そのことにより「社会」との接点も明瞭になるであろう。

確かに、技術革新（農業技術への科学力の投入）は自然制御能力と生産要素の投入効果を高め（安定化・効率化）、「自然」という外部環境の影響を緩和（平準化）する機能を有する。近代日本における農業発展方向をとらえた言葉に「稲作北進」(1)がある。暖地作物である水稲の栽培は幕末では函館周辺が北限であったが、明治以降急速に北方に拡大し、昭和初期には北海道のほぼ全域に進出するに至ったことを意味する用語であるが、これこそ近代農業技術の普遍化・平準化能力を象徴的に示すものであった。他方、現代において「日曜百姓」という存在が可能になったのは、稲作農業の顕著な平準化・マニュアル化がすすんだからである。いずれも近代技術の普遍化・平準化作用をクリアに示すものであるが、しかしそれは、以下に述べるように事態の半面にすぎない。

第一に、「稲作北進」自体が単なる平準化ではなく暖地稲作農法に対する寒地稲作農法を新たに生み出していく過程でもあった。普及過程それ自体が農法の「多様化」という側面をともなっていたのである[(2)]。これに対し「日曜百姓」化では平準化局面が圧倒している。それは、大局的にみれば労働生産性・土地生産性の並行的発展に支えられてきた近代稲作生産の、後者を置き去りにして前者を独走させたものであり、科学技術の成果を「省力化」に収斂させたものであった[(3)]。第二に、そもそも自然を制御しきることなどできない以上、平準化のもたらす発展には大きな限界があり、次のステップ(より高次の技術段階)ではむしろ逆方向、すなわち「自然の多様性に即した(もしくは多様な自然を生かした)農法の創出」が自ずとめざされることになる。また市場対応がもたらす特定品種への集中(これも普遍化である)は、遺伝子資源という一度失えば回復不能な希少資源の喪失を促進することでもあるから、これもある段階では、行きすぎた平準化・普遍化に対する重要な反省材料として争点化しよう。さらに第三に、環境や生活の質と癒しさらには防災(安全)が人間社会共通の重要課題となり、農業の意味をこれらに寄与する「多面的機能」において再評価しようという志向性が高まった今日では、農業を地域レベルでの物質循環のなかに「埋め込む」必要が増している。このような観点からは、より直截に「農法の地域性」すなわち地域適合的な農法を生み出す営為が新たに必要とされてくるであろう。したがって、共通項は増すにせよ、折にふれ個性は絶えず参照され、リニューアルされながらも保存されるのである。

本章では、日本農業の農法的個性を、それ自体とともに、それが農民・農業諸組織・農村に与える影響を重視して叙述したい。農法は自らが影響を与えた社会関係を通じて農業発展の論理を規定する／される側面をもつからである。

一　農法視点からの世界農業類型（飯沼二郎に学ぶ）

すでに古典的業績といってよいが、世界農業・日本農業の個性を考えるうえで、飯沼二郎の農業類型論は依然として有効である。(4)

1　乾燥指数による農業適性の地域類型化

飯沼は、フランスの気候学者ド・マルトンヌが考案した乾燥指数を使って農業の地域類型を導き出した。乾燥指数（I）とは、一定期間の積算降雨量を㎜で表わしたR、および同一期間の平均気温を摂氏温度で表したTの間の関係式　$I=R/(T+10)$　で求められる数値である。一年間の乾燥指数が二〇以上のものを湿潤地、それ以下を乾燥地とする。なお、乾燥指数一〇以下は砂漠、すなわち降雨のみでは農業が不可能な地帯である。さらに年間降雨量とは別に降雨時期をみるために、夏季の乾燥指数を六〜八月について算出し、五以上を夏雨型、それ以下を冬雨型とし、以上より、次の四つの農業的自然類型を導き出した。

Ⅰ地域：年指数二〇以下・夏指数五以下の地域
Ⅱ地域：年指数二〇以上・夏指数五以下の地域
Ⅲ地域：年指数二〇以下・夏指数五以上の地域
Ⅳ地域：年指数二〇以上・夏指数五以上の地域

第Ⅰ地域では降雨のみに依存して農業を営むのは非常に困難であり、ここでの農法上の課題は、「雨水をいかに有効にとらえそれを地中に保存し植物に利用させるか」である。具体的には、耐乾性作物の選択と、地表からの蒸散防止である。後者は、毛管現象によるストロー効果を遮断するための、浅耕とその後の鎮圧が鍵になる。(5) これを乾地農法(dry farming)と言う。この地は冬雨地帯であるため、夏作物の栽培は不可能であり、春から秋までは休閑状態となる。この期間に乾燥地用の犂による浅耕とその直後の鎮圧を繰り返し、土中の水分を保持し十月頃に冬作物(主に小麦)を播種、発芽後の生育は冬雨に依存する。なお、より乾燥が厳しい砂漠地域ではこのような乾地農法すら不可能であり、農業のためには灌漑が必須条件となる。

第Ⅱ地域でも同様に、乾燥地用の犂を使った休閑保水作業が繰り返し行なわれるが、年間降雨量が二〇以上であるためその安定度ははるかに高い。

第Ⅲ地域も乾燥地帯ではあるが、夏作物栽培が可能であるという大きな違いがある。ここでは、夏作物の播種直前および収穫直後に、Ⅰ地域同様乾燥地用の犂による保水のための浅耕が行なわれるとと

表2-1　世界における農法類型

		乾燥地帯	湿潤地帯	
夏	より乾燥的	休閑保水農業　①	休閑除草農業　② （冷涼・相対的乾燥…西欧）	休閑農業
	より湿潤的	中耕保水農業　③	中耕除草農業　④ （モンスーン・アジア）	中耕農業
		保水農業	除草農業	

注）飯沼（1985）17頁図2より作成。

もに、夏雨期間中の栽培過程に鍬による同様の保水作業が繰り返し行なわれる。これが「中耕保水」の意味である。

第Ⅳ地域では、年指数が二〇以上であるばかりでなく夏指数も五以上である。最も湿潤な地帯であり、農業生産に最も適した地域である。むろん世界農業の中心地帯は、ここである。

後述するように湿潤な除草農業地帯では、耕耘は耕土を分厚く維持するための基本作業であり、犂改良の重要なポイントは少しでも深耕できるようにすることであった。しかし同じ犂耕が、乾燥地である保水農業地帯では「土中への保水のための浅耕」という全く異なる目的をもつものであったことに驚かされよう。

2　四つの農法類型

以上の知見をベースにして飯沼が作成したのが、周知の四つの農法類型論である（表2－1）。横軸に年間降雨量を指標にした「乾燥地帯／湿潤地帯」、縦軸に夏季降雨量を指標にした「より乾燥的／より湿潤的」で、四つの類型を導き出している。先の農業自然類型と相違するのは、営農のためには保水作業を必要とする第Ⅰ・第Ⅱ・第Ⅲ地域が農法類型としては「①休閑保水農業」と

「③中耕保水農業」の二類型にまとめられていること、および年間・夏季いずれも十分に湿潤な農業生産に適した第Ⅳ地域が、「②休閑除草農業」と「④中耕除草農業」の二つに分かたれていることである。

このようなずれが生じたのは、地球上すべて(農業不能な乾燥地も寒冷地も含めて)を年指数と夏指数で区分すれば前項1でみた四分類になるが、農業が行なわれている地域に照準をあてれば、農業生産の中心地帯である「年指標二〇以上・夏指数五以上」地域の内部差こそが重要になるからである。(6) 表2-1は、先の自然類型を農業視点から再構成したところに生まれたものであった。さらに、飯沼が、世界農業全体を類型的には把握することをめざしつつも、その最大の関心を日本農業革命の可能性を探求するところに置いていたことも(7)作用しているであろう。すなわち、世界農業史における最重要トピックの一つに、イギリス・ノーフォーク地方に端を発する輪栽式農法の成立、いわゆる(イギリス)農業革命があるが、飯沼はノーフォーク農法とは異なる農法展開論理を日本において見出すことを終生の課題としていたのであり、それが両者を分かつ「休閑農法と中耕農法」という区分論理の発見であり強調であったからである。

二　除草農業の二類型――休閑除草農業と中耕除草農業

1　二つの除草農業

先の第Ⅳ地域（表2－1における②④）は、年間降雨量にも夏季降雨量にも気温にも恵まれた、世界農業生産の最適地である。同じ事情が雑草繁茂の条件にもなるため、ここでは雑草の除去が不可欠な農作業となる（それが「除草農業」の意味である）。しかし、雑草除去には大きく二つのやり方があった。一つは休閑期に湿潤地用の犂で深耕・反転し根を寸断し枯死させることによって除草する方法（「休閑除草」の意味である）であり、二つは夏作物の栽培期間中に幾度も圃場に入り作物と競争するようにして繁茂する雑草を鍬などを使って除去する方法である（「中耕除草」の意味である）。

前者は北ヨーロッパを中心とする休閑除草農業地帯、後者はモンスーン・アジアを中心とする中耕除草農業地帯であるが、両地域における除草方法の差は、前者は後者に比べればはるかに冷涼・乾燥であること、逆に後者ははるかに温暖・湿潤であることに結びついている。両地域では、そもそも雑草のあり方自体が大きく異なっていたのである。和辻哲郎は、ヨーロッパの第一印象を「ヨーロッパには雑草がない(8)」という大槻正男の言葉を使って表現したが、大槻と大槻の言葉を借りた和辻は、ヨーロッパにおける雑草の存在形態を見誤ったのである。他方「雑草との戦い」とは、伝統的日本農業に与えられた言わば代名詞であった。日本では作物を上回るスピードで繁茂する雑草を栽培過程において制御することが最大の課題であった。水田は雑草を抑止する有効な装置でもあったが、湛水してもヒエ科雑草は制圧できず、日本の水田農業ではその除去が大きな課題であり続けた。近代に入ってすら、イネと競争して生長するヒエは人の手で丹念に除去する以外に有効な手立てはなかったのである。

さて、両地域における除草法の違いは、単なる部分技術の相違にとどまらず、農作業編成総体、ひいては農業組織・農業社会のあり方にも影響を及ぼした。また除草方法の違いをもたらした同じ条件は、農法上のもう一つのポイントである地力維持法についても大きな差異を生み、これもまた部分技術にとどまらない影響を及ぼすことになった。要するに、これらが農法体系総体の類型的差異をうみ、かつ農村組織・農村社会のあり方に独特の影響を及ぼしたのである。以下、この点を考察したい。

2　休閑除草農業の農法

中耕除草農業に対する休閑除草農業(北ヨーロッパ)の自然特性は冷涼と乾燥である。この自然特性は先に述べたように、「ヨーロッパには雑草はない」と錯覚させるような雑草形態を生んだが、他方では自然力による有機物の分解(肥料化)が困難なため草肥(刈り敷きなど)への依存を不可能にし、代わりに厩肥が決定的な意味をもつことになった。地力維持の基本線は家畜(厩肥)に置かれ、地力増進は家畜の増頭を基本としたのである。家畜を増頭するためには広大な草地が必要であり、草地が農業経営と一体化した団地的集合としての農場制農業(farm)が生み出されていった。ファーマー(farmer)とは、かかる経緯を経て生み出されてきた農場制農業の担い手のことである。
後に述べるように、禾本科＝地力収奪作物の連作が可能な水田農業とは違い、肥力の消耗が激しいうえ忌地現象を随伴する畑作では耕地利用方式を工夫することが大きな課題となる。中世に成立した三圃式農法は、次のような作付け体系をもっていた。

夏作物（春小麦・大麦・燕麦）―冬作物（冬小麦）―休閑（放牧）

村落の農地全体が夏作物（春小麦・大麦・燕麦）作付地・冬作物（冬小麦）作付地・休閑地（放牧）に三区分された。これを毎年ローテーションすることにより、地力収奪作物（麦）と地力再生産（厩肥供給）を両立させたのである。しかし、これでは常に三分の一の耕地を休閑地（＝農業生産から除外）にすることになってしまう。したがって以後の主たる努力は、休閑地比率を下げる（耕地利用率を上げる）ことに置かれるが、それを実現する大きなポイントが地力の経営内給力を向上させることであった。その完成形態が輪栽式農法（convertible husbandry）であり、これがいわゆる農業革命を支えた農法となった。それは、次のような作付け体系で構成される。

飼料用カブ―小麦（冬穀）―大麦（夏穀）―赤クローバー

注目すべきは、休閑地が完全に解消され耕地利用率が一〇〇％に達していることである。それを可能にしたのが、この作付方式がもつすぐれた地力内給（地力を経営内部で補填する）能力であり、それは以下のような複合的機能の産物であった。小麦・大麦は地力収奪作物であるが、新たに組み込まれたカブとクローバーが次のような注目すべき地力供給力をもっていたのである。①豆科作物であるクローバーには空中チッソを固定する能力があり、これを土中に鋤き込むことによりチッソ成分を供給できる。②カブは深根性であり浅根性の麦類とは養分吸収層が異なるうえ（一種の棲み分け）、収穫に際してはひげ根などを土中に残すことを通じて地力向上に寄与した。(9) さらに決定的であったのは、③カブが家畜の越冬を可能にする冬季飼料となり、家畜飼養頭数を一気に増大させる条件をつくったことである。それまでは、飼料に事欠く冬場が越せず大量の家畜を屠殺せざるをえなかった（この肉を保存用に加工したものがハム・ソーセージである）。カブにより、恒常的に潤沢な厩肥を確保することができたのである。

こうした内容をもつ輪栽式農法は、主要商品作物である小麦の収量を引き上げるとともに畜産規模を拡大し、双方あいまって農業生産力の飛躍的増大と高水準の地力再生産を実現したのである。輪栽式農法成立の鍵はカブであるが、深根性のカブを作付体系に組み入れるには深耕可能な犂の開発が必要であった。輪栽式農法が必要とした生産手段（深耕可能な無輪揺動犂や条播機）の登場（産業革命が供給したものである）は農業の革新を実現したのみならず、農村社会のあり方にも大きな影響をもたらすことになるが、この点は第三節で述べることにしたい。

3　中耕除草農業の論理（1）――環境形成型と環境適応型

中耕除草農業の論理を考察する前に、飯沼の言う中耕除草農業論とモンスーン・アジア地域について若干の説明が必要である。それは、飯沼が「温暖・湿潤なモンスーン・アジア地域」としてイメージしているのは日本であり、そこで強調されているのは（まさに日本農業に際立つ）「栽培過程の綿密な管理すなわち労働集約性の高さ」であるが、両者には無視できないずれがあるからである。この問題に対して、「環境適応型」か「環境形成型」かという別指標に基づき、中耕除草農業地帯内部の差異を整理したのが田中耕司である(10)。

環境適応型とは、典型的には、自然が巨大であるためそれに「適応」することによってのみ農業を営みえた地域の農法的個性（典型＝メコンデルタ等での浮稲栽培）をさしており、環境形成型とは、逆に人為的制御の余地が大きく諸環境を改善することにより安定的かつ高度な生産力発展がみられた地域のそれをさしている。幾世代にも継承されつつ高度な農業装置として改良が重ねられてきた日本の水田農業は、その典型である。飯沼の言う中耕除草農業の特質は、事実上田中の「中耕除草・環境形成型農業」のそれと重なっている。飯沼の関心は農業革命発祥の地とされていた西欧農業に対する日本農業の個性を明らかにすることであったから、東南アジア農業の個性（田中の言う環境適応型）を十分視野に収めていなかったと言える。

以下では、飯沼の「中耕除草農業」の用語をそのまま使って日本農業を論じる（そもそも「中耕」というタームは人為的で集約的な管理を意味しており環境形成型への親近性が高い）が、その内容は田中の言う環境形成型農業をさすこととする。なお、モンスーン・アジアを東北アジアと東南アジアに区分すれば、前者は環境形成型、後者は環境適応型が主流の地域であると言えよう。

4　中耕除草農業の論理（2）――"Industrious Revolution"という言葉

温暖・湿潤地域（日本を含むモンスーン・アジア）においては、作物栽培過程は作物に勝る生育力をもつ雑草との戦いであり、膨大な労力を投入した念入りな「草取り」が不可欠である。文字どおり「日本農業は雑草との戦い」であった。しかも「温暖・湿潤」が活動を活発にさせるのは雑草だけではない。カビも細菌もウイルスも昆虫もすべてそうである。したがって、「戦い」は雑草のみならず病害や虫害に対しても同じように集約的な対処が必要とされる。ところで、作付体系の工夫を通じて地力の経営内給力を確保した休閑除草農業とは異なり、主穀連作（米麦二毛作）を可能にする水田という装置のうえで営まれる日本農業では、それがもたらす地力収奪分を外部から補填する必要があった（地力の経営外給的性格）。近世初期までは草肥の大量投入によって対応していたが、魚肥を中心とする購入肥料（さらに時代が下がれば農産物加工の副産物である――酒粕・菜種粕などの――多様な粕肥料や養蚕の副産物である蚕さなども）が供給されるに及び、より肥効が高く速効性をもったこれらの肥料が大量に投入されるようになった。問題は、肥料増投は作物のみならず病害虫に対する養分補給でもあるため、上述の危険をさらに増加させることであった。したがって、作物生育過程における諸管理を綿密に行なうことが一層決定的な意味をもつことになった。とくに米麦二毛作の場合は、主穀連作に耐えうる多肥化とそれを生産力に結びつける肥培管理水準の強化が同時に必要とされたのである。日本農業を貫いてきたものは、多肥化と管理稠密化との〝いたちごっこ〟であったとも言えようか。

表2-2 ヨーロッパにおける穀物収穫率

A.	1200年以前〜1249年	（収穫率3ないし3.7）
Ⅰ	イギリス　1200〜1249年	3.7
Ⅱ	フランス　1200年以前	3
	1250〜1820年	（収穫率4.1ないし4.7）
Ⅰ	イギリス　1250〜1499年	4.7
Ⅱ	フランス　1300〜1499年	4.3
Ⅲ	ドイツ，スカンジナビア諸国	4.2
Ⅳ	東ヨーロッパ1550〜1820年	4.1
B.	1500〜1820年	（収穫率6.3ないし7）
Ⅰ	イギリス，ネーデルランド　1500〜1700年	7.3
Ⅱ	フランス，スペイン，イタリア1500〜1820年	6.3
Ⅲ	ドイツ，スカンジナビア諸国	6.4
C.	1750〜1820年	（収穫率10以上）
Ⅰ	イギリス，アイルランド，ネーデルランド	10.6

注）F・ブローデル（1985，原著1979）154頁より作成。
（原資料は，B. H. Slisher Van Bath）

耐肥性品種の選抜—多肥化—諸管理（雑草・病虫害・水の駆け引き）の稠密化

注目すべきことは、このような日本農業が、絶対値（単収）のみならず近代化対応（近代における伸び率）にもすぐれた能力を示したことである。表2‐2は、ブローデルが示した西欧諸国の収穫率（収穫量／播種量）を比較したものである。(11)

これによれば、フランス小麦は一九世紀初頭で六・三、二〇世紀初頭で八・一だったのに対し、日本の水稲は一八世紀で三〇、二〇世紀初頭で一〇〇・五であった。(12) このような史実に対し、西欧経済史からはIndustrial Revolution（機械化基軸の西欧型「産業革命」）に対するIndustrious Revolution（技能基軸の日本型「勤勉革命」）の呼称が与えられた。(13) この学問的意味は、近代化を西欧化と等置してきたこと（単線的発展論）への反省であり、非西欧諸国には各々の歴史的背景を背負った固有の近代化形態がある（複線的発展論）というクリティカルな論点を、日本農業史のなかから抽出したところにある。「近代化の類型差」であり「伝統と近代の対比」ではないことに留意されたい。

三　農法と農村社会

1　休閑農業（西欧）における競争的環境の強化

〈競争の農法的契機〉　先にみたように、休閑除草農業では草肥への依存は不可能であり地力再生産の基本を家畜（厩肥）に置いた。ここでは地力維持可能な家畜数を飼養できるか否かが農家として存続できるか否かの分岐点となり、飼養不能な下層農は零落し農業労働者化を余儀なくされた。競争に勝ち残った農家ではさらなる規模拡大がそれに対応した家畜増頭を必要とし、家畜増頭はさらなる草地を要求するため、かつてより切り上がった水準で、一層の増頭と農地拡大がすすめられることになる。他方、休閑耕で行なう除草は、速く深く耕すための大型化がすすみ、除草の能率を上げるとともにさらなる規模拡大を可能にしたのである。地力再生産（家畜増頭＋草地拡大）のうえからも休閑耕の合理化（連畜＋大型犂）という点からも、休閑除草農業は外延的拡大衝動を深く秘めた農法類型であったと言わなければならない。

いま一つ、食形態もまた農業構造に影響を与えたので付言しておきたい。粉食形態をとる小麦では

「小麦粉」として市場に流通させるためには、生産者が製粉という工程を担うこと、すなわち大型製粉機を設置することが必要とされ、この負担をまかなえる資力があるかどうかもまた農場制農民（ファーマー）としてとどまれるか否かの分岐点をなした[14]。他方、粒食形態をとる米にはこのような分解機能はなく、かかる側面からも共同体は維持されることになったのである。

以上のように、労働手段の発展が可能にする規模拡大と農民層分解が生み出す多数の農業労働者とがあいまって、競争的環境が時代を追うごとに顕在化したのである。農業革命をもたらした輪栽式農法は休閑を、したがってまた休閑耕を解消したが、輪作に組み込まれた多年生牧草（赤クローバー）の土表被覆効果と根菜類（飼料カブ）のための深耕が従来の休閑耕による除草機能を代替しえた。ここでは、カブ栽培用の一連の農業機械――条播機と中耕機および軽量・小型でかつ深耕可能な無輪揺動犂（swing plough）――の登場が輪栽式農法を成立させる技術的基礎となった。その後、畜力が原動機へと置き換わり、また個々の作業機の性能が向上することにより、現代の農業機械化体系へと連なっていったのである。

〈競争的農村へ〉 以上の過程を村落の性格変化（共同体規制の弱化）という側面からみれば次のように言える。中世において三圃式農業という（日本を上回るほどの）強力な村落規制を成立させていたが、休閑地が解消する（農地割替えの必要がなくなる）につれ農地利用にかかわる共同体規制は漸次解体した。それとともに個別経営の競争が顕在化し、農村住民の異質化がすすみ、没落した零細農を農業労働者として雇用する大経営を生み出していった。エンクロージャーとは、このような農法的根拠に基づく西欧農業の「構造改革」であった。加用信文の推定に基づいて、この過程が最もスピーディに進んだイギリスをみると、三圃式段階の農場規模は一〇エーカー単位であったが、第一次エンクロージャーに対応する穀草式段階では一〇〇エーカー単位へと一〇倍化し、輪栽式段階（第二次エンクロージャー）すなわち農業革命期には一〇〇〇エーカー水準の経営も登場したと言う。

もちろんイギリスは、E・トッドの人類学的類型（本書末尾の補章を参照されたい）によれば「最も個別性が高く競争的な」アングロサクソン社会であり、それに比べれば大陸諸国の状況ははるかに緩和されたものであった。しかしそれでもなお、日本と比較すればその差は歴然としていたことを次に述べたい。

〈後発国ドイツの場合〉 一八世紀のドイツ農村の変貌を、飯田（二〇〇九）により紹介したい。飯田によれば、一八世紀の七〇年余りの間に、①農地を所有しない小屋住層（その多くが農業奉公人）が約二・五倍に増え、②農民農場数はほぼ一定なので一農場当たり農業奉公人数も大幅に増え、③これが一八世紀後半の「労働集約的な農業革新」を可能にするとともに、④「農業革新」は家畜飼養頭数の増加を基軸にした農家間競争を強め、「採草地や放牧地の配分をめぐる激しい村落内紛争を起こした」と言う。イギリスとは程度が異なるにせよ、村落内部の格差拡大と競争環境への転換は歴然としていたのである。[15]

この点を、H・ハウスホーファー（一九七三）に基づき、一八世紀から一九世紀にかけての「共有地（アルメンデ）分割」と「耕地整理」という点からみてみよう。共有地は共有林と共有放牧地とからなっているが、これらの分割は一八世紀に開始され、一九世紀初頭には「第一次の急激な分割」を経験した

（四六〜五〇頁）。共有林分割は比較的スムーズにすすんだが、排除された農家にとっては営農が成り立たない事態も生じる共有放牧地の分割は「かなり困難な状態」が続いた。しかし、「集約的耕作方式」確立のために「ゲマインデによってアルメンデの土地改良を行なう」途はとられず、結局は個別化の途が貫徹していった（一三四〜一三八頁）。耕地部面では、エンクロージャー（ドイツ語ではフェアコッペルング Verkoppelung）の進展を経て一九世紀に入ると耕地整理が盛んになり、同世紀後半にはその「飛躍的進展」を実現した（五一〜五五頁）。

また一九世紀から二〇世紀にかけての農業機械化（これは、個別化を支え競争性を強化する最も有力な技術条件であろう）の状況をみると、ドイツではすでに一八五〇年代（日本の江戸時代末期にあたる）に農業機械工業勃興期を迎えている。とくに一八六〇年代から開始された蒸気犂の普及は、小経営に対する大経営の優位を明瞭にしたという点で大きな技術的画期となったと言う。さらに一九二〇年代（第一次大戦後）になると内燃機関を備えたトラクター、一九三〇年代からはコンバインの普及が始まり主要作業の機械化が実現したのである[16]（二五八〜二六二頁）。

以上のように、程度の差こそあれ、西欧農業は途切れることなく「構造改革」とそれによる「個別化」過程を継続してきたのであった[17]。これが、第二次大戦後の西欧で、いち早く実施された農業構造改革を支えた農法的初期条件（歴史的前提）である。

2　中耕除草農業(日本)における小農化と組織化

〈近世農業経営規模縮小論〉　他方、日本は逆に、ほぼ同時代に小農化・小規模化しつつ高密度の組織化をすすめた。かつては、農業生産力が発展することと農業経営規模が拡大することは等置されていたから、近世において農業経営規模が明瞭な縮小傾向をとっていたという史実の発見(近世農業経営規模縮小論)は驚きをもって迎えられた。

小農化とは家族経営化のことである。もちろん農繁期を家族労働だけで乗り切ることは不可能であり、結や手間替えなどの協力関係のみならず、季節雇や日雇の助けを借りた。小農化と言われる変化の中心は、通常は住み込み形態をとった常用労働力である年雇を排出し、常用労働を家族が担うようになることである。中村(一九九一)によれば、年雇数は元禄時代(一六八八～一七〇三年)をピークにして、以後確実に減少し続け、明治中期に約一〇〇万人、大正中期に約四〇万人、アジア・太平洋戦争終戦の年には約一〇万人にまで減少した。常用労働力を家族労働力でまかない(これが小農化の意味である)、労働ピークを日雇でカバーする経営形態に移行していったのである(18)。むろん小農化は上述の小規模化と表裏をなしている。

したがって、大規模層の経営規模が縮小し、余った農地は小作に提供される(小作地化)。かつて歴史学は、かかる過程を富農経営の解体＝上昇転化(地主化)とよび、そこに日本農業発展の遅れ、資本主義発展の「下からの途」の挫折を読みとった。しかしこれは(資本主義の)「遅れ」のみで処理すべきものではなく、まずは、深く農法的特質に規定された固有の動き(発展形態)としてとらえるべきものであった。

〈小農化を支えたもの〉

小農化傾向を生んだのは、主要には経済的な問題、すなわち「労賃」の対米比価が切り上がり「雇用」がペイしなくなってきたからであるが、技術論的には、「雇用」労働よりも家族労働の生産性が高くなる傾向が強いうえ、労働節約機能をもった種々の技術改良がすすんだためである。

家族労働の相対生産性が向上したのは、肥培管理労働が緻密さや細心の配慮と工夫および随時の対応を要求したからである。単純労働であれば、雇用労働でも生産性の差は生まれず、場合によっては雇用に支えられた専門化こそ(場合によっては管理強化すら)が高い生産性を発揮するであろう。しかし、中耕除草農業が要求する複雑労働において労働強度がさらに上昇し、かつマニュアル以上の工夫が求められ始めると、両者の間には歴然とした差が生まれてくる。一貫して続く多肥化の傾向は、肥培管理労働の質と量に対する要求を増大し続けたのである。なお、近世後期に開発された労働節約技術の代表は「千歯扱き」であり、それまでの「扱き箸」に比べ脱穀能率を一気に一〇倍化させた。さらに、魚肥や粕肥など購入肥料の増大は過酷な採草労働を軽減し、踏み車の登場も揚水労働軽減の大きな力となった。そして他方では、厳密な協業体制が整備されつつあった。水利慣行や入会慣行およびゆい・手間替えなどの労働慣行は、いずれも農家を単位とした生産力に対する社会的なサポートシステムであった。

また、技術と生産力の発展が採草地も含む団地的集合としての農場制農業を形成した休閑除草農業とは異なり、日本の水田農業はむしろ零細分散錯圃制を固定した。これもかつての歴史学においては農民的・経営合理的な発展の弱さ（それゆえに封建支配の技術的基盤）として理解されてきたし、今日では農業構造改革の効果を妨げる最大の障害物の一つとして問題視されている。後者はともかく、前者には誤解が多い。それは農民の不合理の産物ではなく、手労働段階では、圃場の狭さも分散もむしろ合理性をもっていたからである。「圃場の狭さ」は綿密な管理を容易にしたし、そもそも水田の場合は水を均平に張るための必要条件でもあった。「圃場の分散」はそれが「水源からの遠近の分散」であれば、とりわけ当時の農業にとって最大のリスクであった水不足に対する最も有効な対応（ムラの平等を前提にした危険分散）になり、圃場への配水順序にしたがって田植をすれば家族労働力の制約を大きく緩和するてだて（個別農家における労力分散）となり、同一作業を時間的・空間的にずらすことにより、結果として経営規模拡大の条件になったのである。[19]

〈村落景観・地目の空間配置〉 日本農業は西欧とは違い、畜産のための広大な草地を要求せず、したがってそれを含み込んだ団地的集合としての農場制農業を成立させず、地力再生産（のみならず飼料・燃料等も）を山との結合（草山化）に求めたため、独特の農村景観を生み出した。それは多数の家畜と広大な草地を欠くがゆえの〈耕地と農家の密集〉であり、農場制化の動因をもたないがゆえの〈零細分散錯圃制の維持〉（むしろ農地移動にともなう錯圃状況の激化）であり、農場制農業のような農業・農村空間確保力に乏しいことからくる小都市との近接性や農村人口圧の高さ等に基づく〈混住性・多就業性の強さ〉であり、平野部では果たせない生産と生活の再生産を保障するための周辺山地の（耕地の一〇倍を超える地域も稀ではないほど）大規模な「草山」化であった。これらは単なる「景観」にとどまらず、日本農業の空間的配置の問題として、その後の農業展開を大きく規定することになったと考えられる。

四　農法と農地観念

1　上土は自分のもの、中土はムラのもの、底土は天のもの

中耕除草（環境形成型）農業を特色づけるのは水田である。水を貯留するとともに自在に掛け引きができる水田は、一つの巨大な装置であり、営農のための人口的「小環境」である。それは、ともかくも森林や雑草を薙ぎ払うことで造成しうる畑とは異なり、水源の確保や水路の開削も含め、その造成にはムラぐるみの共同を積み重ねる必要があるうえ、多大の資材と労力の結晶化した「土地合体資本」であった。しかも、水田機能を維持・改良するためには、その後も継続的な努力を必要とする「世代継承的財産」であり、水利の制約から開放されない以上はムラぐるみの管理を必要とする「ムラの公共財」でもある。また、湛水効果により米（および麦）を連作しても嫌地現象はおこらず、「永久」に継続することが可能な（まさにサスティナブルな）耐久財でもある。

このような、環境形成型農業における水田の特徴は、独特の農地所有観念をつくりあげた。歴史家丹羽邦男が発掘した明治九年・佐賀県における一つのエピソードを紹介したい（丹羽一九八九）。それは、

次のようなものである。地租改正のための測量に村を訪れた役人に「この土地は誰のものか」と問われた農民は、しばらく逡巡した後、次のように答えた――「上土は自分のもの、中土はムラのもの、底土は天のもの」。おそらくは、「上土」とは毎日耕す作土であり端的には土中につきささる鍬の深さであり、それが「自分のもの」と観念できるのは「自身の労働」に裏づけられたものだからであろう。「中土」とは長い歴史をかけてつくり上げてきた水田装置総体であり、それが「ムラのもの」と観念されるのはムラぐるみの共同労働の産物だからであろう。さらにその下に続く土地は誰の手にもかかっていない「底土」であり、これは誰のものでもなく「天のもの」とよぶべきものなのであろう。

かかる回答に接した役人は、日本農民の所有権意識の未熟（地租負担者を確定できない）を嘆いたと言う。しかし、現代から振り返れば、日本社会における「農地」のあり方を（現代流に表現すれば）〈個別利用主体・地域デザイン主体・国家という担保力〉という三者の重層的関係として構想する、まことに魅力的な思想であったと評価できる。やけに機能主義的な表現になってしまったが、実際には「地域」とは単なる小区域ではなく多分に「故郷《ふるさと》」のイメージが重なった存在として受け止めたほうがよいであろうし、「国家」が代行しなければならないことがいくつかあるにしても、「天」とは「自然＝神」の意志に連なるものと理解すべきなのであろう。

なお、「自然＝神」に関連して付言すれば、近代日本における伝統的土地慣行の破壊（開発）が、しばしば、伝統村落に無数存在していた「小さな神々」に代わり、突如「開発神」として登場した「現人神」（近代の天皇）の名により遂行されたことは記憶にとどめておいてよい。日本における「開発」は、これら「小さな神々」の征服史でもあり、彼らが退場した空隙を埋め合わせたのが、日本近代における二つの権威すなわち「天皇」(新しい＝民族の神／開発神)と「西洋科学」(新しい理性)であった。前者は(国民国家に連なる民族的)「伝統」と錯覚され、後者は「科学的普遍」として過大評価されたのである(筒井二〇〇六)。

2　家産としての農地

伝統社会における農地は洋の東西を問わず、自然の力を借りて豊かな恵みをもたらす本源的な富の源泉であったが、日本ではなによりもイエの財産すなわち家産として認識された。家産である農地(とりわけ水田)はイエにとって不可欠の構成要因であり、世代継承的に維持する義務と責任を負わされた存在であった。

永続的な環境制御能力をもった水田は、忌地という農業内在的な連作忌避があるうえ移動潰廃にともなう損失が軽微なため、ダイナミックな変動が常態である畑地および畑作農業とはその安定性において大きな違いがある。そして、水田という装置の改良の多くが、個人で果たせるものではなくムラぐるみで積み重ねてきた歴史的営為の産物であることが、前項1でみたような重層的な土地観念を生み出したのだが、同じ事情が「世代継承的な農地」観を生み、さらに永続的なイエの財産としての「家産」意識を説得的に支えたのであろう。この点で、「家産としての農地」(水田)観念は、中耕除草・環境形成型農業の典型地域である日本においてこそ最も受け入れやすいものであったと言えよう。

もっとも「土地に蓄積した資本」をどう継承するかという問題は西欧でこそ顕在化した。耕作権の移動に際して、耕作者が施した過去の土地改良投資をどう回収するかが大きな問題になったのである（イギリスの離作料＝テナント・ライトをめぐる問題）[20]。しかし、西欧農業においては、これ自体が近代農法（土地改良と肥料増投）のもたらした近代的現象であり、どこまでも経済的に（離作料に未回収部分を含ませることで）処理可能な問題であった。それは、生産手段としての農地の問題であり、したがってまた農場経営の問題であり、日本のように過剰な意味をまとったものにはならなかったのである。

3 耕地と山林

先に農村景観の問題として述べたことを、耕地と山の関係に即して再論しておきたい[21]。初代山林局長桜井勉によれば、明治初年の山林比率は「二割九分」にすぎなかった。現在は「六割六分」だから日本の山林は近代化の過程で約二・三倍に激増したことになる。もちろん、「何を山林とよんだか」が問題であるが、少なくとも森林保育という使命感をもつ山林局長という立場からすれば、それにふさわしい山林は二割九分しかなかったことは事実であろう。日本の山林がこのような状態にあったのは、先にも述べたように、江戸時代には、草肥のみならず飼料・燃料などを供給する「草山」として管理されていたためである。念のために言えば、草山は決して「はげ山」ではない。草山とは、もともと鬱蒼とした森林であったところを伐採や火入れを通じて造成したものであり、林地化しようとする自然力を制御し草山の状態を維持すべく厳密に管理され続けている山のことであり、用途の多元性を反映して形態上も灌木や疎林状態であるものが多い。

水本（二〇〇三）が紹介した近世初期（一七世紀）における飯田藩領脇坂氏の所領九七カ村の植生分布からみれば次のようである（草＝ススキ・チガサ・ササなど、芝＝シバ、柴＝ハギ・馬酔木・山ツツジ・ねじ木・黒文字などの灌木などをさす）。

①草（面積割合　四・一％）、②芝（同二六・八％）、③柴（同二三・七％）、④草＋柴（同九・三％）、⑤草＋松＋雑木（同一・〇％）、⑥柴＋雑木（同七・二％、⑦雑木（同一〇・三％）、⑧雑木＋檜・栂など（同一一・四％）、⑨なし（同六・二％）

合計（一〇〇・〇％）

これによれば、高木のみで覆われている⑦⑧は合計二一・七％にすぎない。他方、草や灌木のみで覆われているもの（①②③④）は合計六三・九％となる。また高木と草や灌木が混交した⑤⑥が計八・二％を占め、これ以外に「なし」（はげやま）と記された⑨六・二％があった。すなわち、江戸時代初期の飯田藩領では、草・芝・柴などに覆われた山が三分の二近くを占め、同様の機能も併せもった⑤⑥も加えれば七割を超えたのであった。

もちろん、耕地／草山の適正比率は地域と時代に応じてずいぶん幅があった。風土条件（とくに温度と湿度）にも左右されたし、同じ草肥であっても刈敷から堆肥に移行すれば草山面積はより小さくてすんだからである。そして購入肥料(魚肥・粕肥)の普及は草山への負荷を大きく減少させ、日清戦争後の満洲産大豆粕の大量流入は、草肥源としての草山の意味をさらに限定的なものにした。このような状況を背景にして、幕末から明治初期にかけては、「山の荒廃」が問題となったり「森林とよべるものは二割九分にすぎない」という山林局長のいら立ちを生み、殖産興業政策の過程で木材生産地としての政策的位置づけを増した。こうした経緯を経て今や、北欧諸国と肩を並べる世界トップレベルの森林比率を誇るに至ったのである。(22)

注

(1) この表現は太田原(一九九二)二〇〇頁。本来暖地作物である稲であるが、日本近代には積極的に東北以北への拡大が試みられた。とくに北海道では稲作北限ラインが年々北上するというビジブルな伸張がみられ注目を集めた。詳細は同書および北海道立総合経済研究所(一九六三)ほか。

(2) 第一には耐冷品種「坊主」の育成であり、第二には栽培方法、苗代が不安定であった初期における直播方式の採用と、一九三〇年代の連続冷害の反省に立った北限地域の一部から撤退しつつ内包的発展への転換、すなわち耐冷改良品種「富国」品種を中心とする温冷床栽培法の採用であった。全体として耐冷集約的農法の普及へと向かった。以上、前掲太田原(一九九二)二〇〇~二一〇頁、北海道立総合経済研究所(一九六三)八七五~八七六頁。

(3) 七戸(一九七六)には、ほぼ一九六七年を転換点として土地/労働生産性並進型から労働生産性偏進型へと変化したことがクリアに図示されている。

（4） 飯沼理論に関しては、飯沼（一九八五）によった。同書は、それまでの飯沼農法論の集大成の意味をもっている。ここでの説明は、同書の主張を概括したものである。

なお、私の関心は現代日本農業の類型的個性を明らかにするところにあるのでふれていないが、飯沼自身は（人間社会の能動性をみることができない）「風土決定論」（でしかない）という当時の（冷ややかな）批判を強く意識して、両者の関係を「風土＝額縁」論として説明しようとしている。それは、「風土と農法」との関係は「額縁と絵画」の関係にアナロジー可能であり、額縁（風土）という大枠は変わらないがそこに収まる限り絵画（農法）はいかようにも変わりうる、というものである。また、農法はその発展過程で必ず袋小路に入り込むが、そこからの飛躍は他類型の農法の導入によってはじめて可能になるという興味深い指摘も行なっている。かかる視角から、いわゆる明治農法とは日本の伝統的な労働集約的農法に休閑除草農業の論理（乾田馬耕・田区改正）を付加することによって実現した日本型農業革命だと主張した。これは明治農法への評価が高すぎるので私は賛成しないが、飯沼理論がもっていた一定の「幅」（動態性）は理解しておく必要がある。

（5） 乾燥地帯における犂耕は土中の毛管現象を絶ち保水するところに目標がある。深耕すれば土中の水分を多く失うことになるし、浅耕してもその後ただちに鎮圧（表土を固めてふたをする）しなければ蒸散は継続してしまう。

（6） この違いは、先の年指数・夏季指数両地域の気温は大きく異なるうえ、同じく「夏指数五以上」とは言っても、北ヨーロッパでは「五〜一一」までに分布しているのに対し、モンスーン・アジアでは「九〜一〇八」にも達することに基づいている。以上飯沼（一九八五）一四頁。

（7） たとえば、飯沼（一九八五）「まえがき」には次のように記されている。「敗戦直後、極度の食糧危機で餓死者も出るというときに、私自身もふくめて、日本中の人に腹一杯たべさせるにはどうしたらいいのかを考えたのが、私の研究の出発点であった。／そのためには、日本に農業革命をおこすことが必要であると考え、日本における農業革命の可能性と、その具体的な在り方とを知るために、まず、イギリスで一八、九世紀におこなわれた農業革命の研究をはじめた」「イギリスやドイツの農業革命を導いた理論は、いわゆる『近代農学』すなわち資本主義的農学であって、それまでの封建的農業を破壊し、それを資本主義化していくという点において、『前向き』の意味をもっていた。そのような理論が、明治期の日本に導入されて、以後どのように変容したか、それが本書の課題である」「今や、日本農業は急速に資本主義化したがゆえに……耕地は劣化し、農産物は高くて、まずくて、危険なものになった。『近代農学』は日本の農民から、働くよろこびも自主性も奪った。それを本来、あるべき姿にひきもどすためには、『近代農学』はほとんど役に立たない。今こそ、『近代農学』の誕生にまで遡って、それを批判する必要がある。本書が、そのための新しい日本の農学を生み出す第一歩となるならば幸いである。」

（8）和辻（一九三五）。なお、この言葉は和辻の本書によって有名になったが、次の一文に示されるように、発話者は大槻正男（当時京都帝国大学農学部助教授）であった。「……ヨーロッパの人間と文化とがいかに『牧場的』であるか……自分にこのような考察の緒を与えた人は京都帝国大学農学部の大槻教授である。……最も自分を驚かせたのは、古のマグナ・グレキアに続く山々の中腹、灰色の岩の点々と突き出ているあたりに、平地と同じように緑の草の生い育っていることであった。羊は岩山の上でも岩間の牧草を食うことができる。このような山の感じは自分には全然新しいものであった。この時に大槻教授は、『ヨーロッパには雑草がない』という驚くべき事実を教えてくれたのである。それは自分にはほとんど啓示に近いものであった。自分はそこからヨーロッパ的風土の特性をつかみ始めたのである」（七六～七七頁）。

（9）熊代（一九七四）は、ブリンクマン／アンドレイに依拠し、一年生作物を「地力維持ないし増進作目群として茎葉作(B)と地力損失作目群として稔実作(H)」に分け、農法発展の論理を作付順序における(B)作目のウエイト(地力の経営内給力)の増大として理解した。おおまかに言えば、BHHH(B比率二五%)→BHH(同三三・三%)→BH(同五〇%)→BBH(同六六・七%)であり、各々四輪圃農法→三輪圃農法→二輪圃農法(輪栽農法)→超輪栽農法という農法の諸段階を示している。BH=二輪圃農法(輪栽農法)がイギリス農業革命に対応する。ここではBはカブと赤クローバーであり、Hは小麦と大麦である。

なお、地力維持増進作物=茎葉作(B)とは馬鈴薯・甜菜・カブ・蔬菜などの耨耕作物、赤クローバー・ルーサン・牧草などの飼料作物、豆類などであり、稔実作(H)とは穀物すなわち麦類(夏穀=大麦・燕麦、冬穀=ライムギ・小麦)である。近代農業革命(輪栽農法段階)以後の発展は超輪栽式農法段階として展望されるべきものであったが、現実には農業機械化が穀作(H)の生産性を飛躍的に高めたためHB比率はむしろ逆行する傾向をみせた。これに対して熊代は、B作物における機械化(とくに収穫過程の)がすすむことにより超輪栽式への前進が可能であると考えていた(一九八頁)。ちなみに日本の米麦二毛作はHH、すなわち地力損失作目の連作(したがって地力の経営内給性を欠いた)であり、ゼッテガストにより「施肥連穀方式」とよばれたものであった(三七〇頁)。

(10) 金沢(一九九三)所収「対談」。なおここで金沢は、類似の論点を農学的適応と工学的適応という石井米雄の表現を用いて表している(三二〇頁)。この場合、前者=農学的適応は田中の環境適応型に重なるが、後者=工学的適応はウイットフォーゲル流の国家的対応(水力社会論)を想定しており、「国家か農民か」という論点にはふさわしいにしても日本(盆地=小地形におけるムラ的イエ的対応)をみるうえでは適切性を欠く。環境形成型の典型を日本と考えるならば、小地形における工学的適応をベースにしつつも、それが種々の農学的適応を可能にしたところにこそ成立するものだと言える。飯沼流の「中耕除草農業」とはこういうものをさすのであろうと思う。

（11）ブローデル（一九七九）一五四頁。

（12）持田（一九九〇）五九～六一頁。ただしヨーロッパの数値が異常に低いのは、多分に雑草抑制を目的にした厚播きのためである。厚播きで雑草を制御できること自体がヨーロッパ的であろう。

（13）勤勉革命という表現を創案したのは速水（一九七七）である。

（14）大島（二〇〇九）および飯田（二〇〇九）に教示を受けた。

（15）飯田（二〇〇九）の分析は一七二二～九八年の間の一五村落が対象となっている。他方、一七世紀から一九世紀にかけての村落（ゲマインデ）機能（マルク共同体の自治）を考察した平井（二〇〇七）によれば、確かにこれまで理解されていたよりも遅くまで（一九世紀になってからも）ゲマインデがもっていた定住管理機能が継続しており、なかには「定住管理の自主的強化を目指す農民運動も出現した」。しかし、それは当該期ドイツ農村における下層民問題――「個々の農場保有者の私的寄留民というべきホイアーリングが一八世紀後半には農村住民世帯の過半を占めるにいたった」と言う――の深刻化（社会不安）に対応し、国家との共同関係において発動されたものであり、農業における共同体規制の継続を意味しているわけではない。むしろ農業奉公人の急増には、飯田が明らかにしたのと同じような農業経営上の変化（小屋住層の増加、農業革新、個別化・競争化）が、随伴していたと考えるのが妥当であろう。

（16）なお熊代（一九七四）によれば、以上の経緯を経て一貫的な農業機械化体系が完成したのは一九五〇年代のことであった（一七一～一七四頁）。

（17）大島（二〇〇九）が、同書をふまえて先にすすむための「第二の課題」として「農学ないし地理学的視点の復権にかかわる」問題を指摘しているので紹介したい。

大島は池橋(二〇〇五)の成果を紹介しつつ次のように述べている。「その(池橋が示したオリジナルな―野田)論点もさることながら……そこに書かれていることは、二〇世紀前半までの農業地理学、経済地理学では標準的な教科書に書かれているごく一般的な知識であったことに衝撃を受けた」「そのような、かつて標準的であった学知が、戦後日本に顕著であった、農学や地理学への風土決定論という批判、空間的差異の時間的先後関係への解消による社会『科学』への転換によって、失われてしまった」(三七九頁)。これは同感である。「焦点が当たっていない他の側面に注目する」ことが学知の運動法則であることからすれば当然の経過であったとも言えるが、大島が指摘していることは「農学ないし地理学的視点」が今や「注目すべき新たな側面」になりつつあるということであろう。

なお、「水田稲作社会と畑地麦作社会の根本的相違に……強い関心を覚え」たとし、両者の違いを次のようにとりまとめている。「水田稲作は、地力の減退が少なく、施肥を行わずに連作可能、高い反当収量が一ヘクタール程度の極小面積の経営で家族の存在を可能にし、省力のための機械や農業労働者の導入は不要、粒食可能なため製粉機械も不要、高い人口密度の平等社会が形成されるのに対し、畑地麦作は、地力減退が大きく、連作不可、休閑と家畜の排泄物による有機物補充が不可欠、反当収量も低く、五〇～一〇〇ヘクタールという大面積の輪作体系が必須、大型農業機械が不可欠であり、粉食のために水力・風力利用の大規模機械製粉業が中世から発達、農民層の極端な二層化(標準農民層と小屋住み・農業労働者層の存在)、それらの上に大規模土地・資産所有に基づく領主制が発達する」(三七九頁)。

(18) 農業における雇用労働力には定雇・季節雇・日雇の三種類がある。定雇は作男・作女ともよばれ、年間(もしくは農業期間の一〇カ月ほど)を通じて農作業のみならず家事にも従事する者で、未婚の男女が多い。季節雇は植付け・刈入れ、養蚕・茶摘みなど作業がとくに集中する一定期間(一週間、一旬、一カ月等を単位とする）を典型的には雇主の家屋内に居住して働く者で、年齢は定雇よりやや若い。日雇は日決めで雇用されるもので、小規模農家の余剰労働力が供給源である場合が多い。一九二〇（大正九）年における農業雇用労働力は、日雇一八一万二〇〇〇人、季節雇九一万九〇〇〇人、定雇（年雇）三八万四〇〇〇人であった。

（19）渡辺（二〇〇八）によれば、近世の新田村落をみると、各百姓の所持耕地はそれぞれまとまっていることが多いことから、零細分散錯圃を選びとったわけではなく、中世以来の耕地のあり方を引き継ぎつつその合理的利用を工夫したものではないかと言う。

（20）椎名（一九七三）によれば、テナント・ライト（Tenant-Right）とは借地農が契約（営農）期間中に回収できなかった土地改良投資を回収する権利のことである。一九世紀前半に農業不況下のイギリスで要求運動がおこり、一八七五年の「借地法」（First Agricultural Holdings Act）で法制化された。

（21）以下は野田（二〇一二）を参照されたい。

（22）トップレベルの森林比率を実現するうえで一〇〇〇万haにも達する人工林（拡大造林）が果たした役割が大きかったが、その多くが管理されないまま不良林化しむしろ災害の温床として危惧される存在にすらなった。世界有数の森林がいとも簡単に放棄されたのは、自由化とその後の円高化による外材の大量流入という国際環境が決定的であるが、日本林業内在的に言えば、（消費への対応という側面を除けば）林業地帯がことごとく「険しい山」であるため運搬が困難でありかつ集材域が狭く分断されており、これらのことがコスト削減の深刻な阻止要因になったからである。そして今や山を管理する人々自体が失われてしまったのである。日本林業が陥ったこのような事態は、農業を考えるうえでも看過できない論点を提示しているように思われる。

〈引用文献〉


飯田恭「『農場』と『小屋』―近世後期マルク・ブランデンブルクにおける土地希少化と農村発展―」大島真理夫編著『土地希少化と勤勉革命の比較史』ミネルヴァ書房、二〇〇九年。

池橋宏『稲作の起源』講談社選書メチエ、二〇〇五年。

飯沼二郎『農業革命の研究―近代農学の成立と破綻―』農山漁村文化協会、一九八五年。

大島真理夫「編者あとがき」大島真理夫編著『土地希少化と勤勉革命の比較史』ミネルヴァ書房、二〇〇九年。

大田原高昭『北海道農業の思想像』北海道大学図書刊行会、一九九二年。

金沢夏樹『変貌するアジアの農業と農民』東京大学出版会、一九九三年所収「対談」。

熊代幸雄『比較農法論』御茶の水書房、一九七四年。

椎名重明『近代的土地所有』東京大学出版会、一九七三年。

七戸長生「『再編期』における農業生産力展開の特質と構造」川村琢・湯沢誠編著『現代農業と市場問題』北海道大学図書刊行会、一九七六年。

筒井正夫「地方改良運動と農民」西田美昭/アン・ワズオ編著『20世紀日本の農業と農民』東京大学出版会、二〇〇六年。

中村哲『近代世界史像の再構成―東アジアの視点から―』青木書店、一九九一年。

丹羽邦男『土地問題の起源―村と自然と明治維新―』平凡社、一九八九年。

農林省農務局「本邦農業ノ概況及農業労働者ニ関スル調査」(一九二一年)、農業発達史調査会編『日本農業発達史』第六巻、中央公論社、一九五五年。

野田公夫「里山・草原・遊休農地をどうとらえるか―歴史をふまえて未来へ―」野田公夫・守山弘・高橋佳孝・九

鬼康彰『里山・遊休農地を生かす』(シリーズ「地域の再生」第一七巻)農山漁村文化協会、二〇一一年。

ハウスホーファー、H(三好正喜・祖田修訳)『近代ドイツ農業史』未來社、一九七三年。

速水融「経済社会の成立とその特質―江戸時代経済史への視点」『新しい江戸時代史像を求めて―その社会経済史的接近』東洋経済新報社、一九七七年。

平井進『農村社会と下層民』日本経済評論社、二〇〇七年。

ブローデル、F(村上光彦訳)『物質文明・経済・資本主義15-18世紀I-1 日常性の構造I』みすず書房、一九八五年(原著刊行一九七九年)。

北海道立総合経済研究所編『北海道農業発達史I』中央公論事業出版、一九六三年。

水本邦彦『草山の語る近世』山川出版社、二〇〇三年。

三橋時雄『日本農業経営史の研究』ミネルヴァ書房、一九七九年。

持田恵三『日本の米』筑摩書房、一九九〇年。

山田盛太郎「農地改革の歴史的意義」矢内原忠雄編『戦後日本経済の諸問題』有斐閣、一九四九年。

渡辺尚志『百姓の力―江戸時代から見える日本―』柏書房、二〇〇八年。

和辻哲郎『風土―人間学的考察―』岩波文庫、一九七九年(初出一九三五年)。

第三章　社会の規定性

――農業・農村主体性の存在形態

はじめに

本章では農業に対する「農村社会」の規定性をとりあげる。第二章で「自然条件」が農法を通じて農村社会のありように影響を及ぼすことを述べたが、その反対のベクトルをみることであるとも言える。しかし、ここで検討するのは、「農業」それ自体ではなく「農業問題」とその「改革方向」のありようである。考察時期は、近現代日本において農業・農村現場が最も自己主張した大正時代である。

やや変則的ではあるが、「農村社会の規定性」を大正期農村社会運動を通じて考察することにした。それは、日本農業の類型的性格を何よりも農業主体性の問題として総括したいからであるが、このようなイレギュラーな方法が許されるとすれば、日本における農業主体が強固な社会的形態をとっており、農村社会を語ることがそのまま農業主体について語ることに重なるという特異性のゆえでもあろう。「保守的・消極的」などという通常の農村イメージとは異なり、この時代のムラは明らかに変化の起点となり母体となった。その意味と可能性を考えたい。

また、農業・農村主体性の側から問題をみるということは、農業・農村現場のアイデンティティやエートスと、実際にとられた近代化・産業化方策との間にあるシリアスな〈隙間〉に十分関心を寄せてこなかった現代農政と農業経済学に対し、クリティカルな論点を提示することにもなるように思う。

さらに、とくに近年の規制緩和論がしばしば「一九四〇年体制論」[1]を援用しており、「農政ビッグバン」の主張においても同様の見解があることも意識している。それは、「総力戦体制が生み出した国家統制のくびきから農業主体を解放する」という文脈で、「ビッグバン政策」の正当性を裏づけるために用いられているが、このような意味で使うのであれば、まずは「一九四〇年体制」(総力戦体制の戦時バージョンである)が傷つけつくり変えたもの、すなわち、国家が前面化する以前の、農業・農村がより自己主張しえた時代の具体的なありようを知る必要があるのではないか。かかる視点(歴史が築き上げてきたDNAの特性を知るということ)を欠いたまま、抽象的なもしくは外在的な「主体」を語ることは、再び経済学の「無理と空虚」を現実社会に押しつけることにしかならないと思われる。本章では、現代が受け継がれざるをえなかったDNAを、「農業主体性の存在形態」という側面から明らかにしたい。

ただし、現実の歴史過程においては、大正期農村社会運動が自律的成長を十分遂げる余裕は与えられず、早々と大恐慌(農村危機)と戦争(戦時統制)の時代に巻き込まれてしまった。農村危機と戦時食料確保に対する国家の基本戦略は「組織化」と「自発性の喚起」であり、それは眼前で広がっていた大正期農村運動のエネルギーに大きく依拠し、それを全面的に再編することによってこそ果たされるものであったからである。(2) これは、日本近代農業・農村が被った悲劇であったが、その具体的内容は第五章で述べることにする。ここでの課題は、もっぱら農業・農村が(相対的な意味ではあるが)主体的な試行錯誤を重ねえた大正時代に照準を定め、その可能性を見つめることである。

大正期には、政治・経済・文化の三領域における農村社会運動がからみあい、高密度に展開した。(3) またこれらの諸運動を、農村振興へと結実させるための努力も重ねられた。この時代、なぜこのように多彩な運動が巻きおこったのか、農民たちが求めたもの・運動を支えた論理とは何であったのか、これらの運動はどんな未来を切り拓く可能性をはらんでいたのか、本章では農民運動（第二節）と農家小組合運動（第三節）および庄内の育種ネットワークの活動（第四節）を通じて、農業問題のありようと農業主体の性格を汲みとりたいと思う。

一 大正という時代——近代農業主体形成の条件

大正期（一九一二〜二六年）とは、近代工業と近代都市の形成が本格的に進展した時代であった。総力戦という言葉を生んだ巨大な消耗戦（第一次世界大戦）への物資供給国というポジションを得たからである。同時に、繁栄から置き去りにされた農業・農村という新たな現実を生み、「農村問題」が最大の社会問題として浮上した時代でもあった。

農業・農村主体に即してこの時代の特性を整理すれば、次のようになる。

第一に、先に述べたように、日露戦後にはすでに顕在化しつつあった「都市に対する農村の地位低下」「農業・農村の苦難増大」がさらにクローズアップされ、まさに「時代の関心事」になった。都市（都市的な生活様式）の発展は「近代の豊かさ」を実例によって示すとともに、その対極にあるものとして農民の貧しさおよび農村生活の単調さや息苦しさをビジブルに浮かび上がらせたからである。「農業の不利化」「向都熱」「農村花嫁問題」など現代と見紛うこれらの言葉は、いずれも当該期のマスコミをかざったものである（大門一九九四）。農業問題は「技術（生産）問題から経済問題」に転化したともいわれた。増産によっても解決しない、まさに「不利化」の問題として認識されたのである。

第二に、同じことが農業におけるビジネスチャンスが到来したことも意味していた。都市の拡大は消費人口と新しい生活様式の拡大であり、農業に対する新たな需要を生んだからである。大正時代はいわゆる日本型食生活が形成され始める時代でもあり、サラリーマンの弁当持参が一般化した時代でもあり、ちゃぶ台の登場とともに「夕飯時の一家団欒」が新しい生活様式のなかに生み出された時代でもあった。そして、鉄道網がほぼ完成したことと保冷車・通風車・貨物急行が登場し夏場／遠隔地の輸送も可能にしたことが需要と供給の双方を結びつけうる条件になった。このようななかで形成されたのが、立地を生かした遠隔地における産地形成、当時の言葉で言えば「輸送園芸地帯」であった(4)。

第三に、人口流動は、都市生活という新たな経験やそこで得た新しい思想(啓蒙主義・キリスト教・社会主義・無政府主義など)と運動(労働運動・住民運動・婦人運動など)を農村に持ち込んだ。他方白樺派をはじめとする都市知識人においても、トルストイの影響力とともに農村問題が第一級の関心事になった(5)。これらは相互に支え合い、農業・農村の現状を見つめ直す大きな力になった。また一九一八年八月に勃発した米騒動は、「自らつくった米を食べることができない農民」の姿を明るみに出すとともに、短時日に寺内内閣を総辞職に追い込むに至り、庶民が自らの「力」を知る大きな契機となった。

第四に、次三男や娘たちがこぞって都会へ流出するという事態(向都熱)は、残された長男(後継者)に独特の心性をもたらした。家督相続者という特権的身分を誇れたかつてとは違い、今や次三男や姉妹たちのほうがしばしば都会の富や刺激を享受できる「恵まれた」存在になったからである。後継者自身がムラにとどまらない現在とは違い、当事の長男（後継者）たちはその複雑な思いを農業と家・ムラの改革に向けた。彼らが自らの抱え込んだルサンチマンを乗り越えるには、自らが生きる場を誇れるものに変えざるをえなかったからである。(6)他方では同じ事情が地主層の農業からの離脱や不在化を生み、その結果地主支配力が低下していたことが農村諸運動の行動に力を与えることになった。

第五に、このような状況に対応して、軽佻浮薄な都市／都市文化を批判し、農村／農村文化のアイデンティティとその真実性を主張する農本思想が興隆し、「時代」に対するカウンターカルチャーを提供した。

これらが大正期を日本近現代史上空前の「農村が動く」時代にした主客の条件であった。

二　小作争議の論理

本節の眼目は、小作争議の意義を、地主・小作間の政治紛争としてではなく、小作農民の「新しい経済環境に対する主体的な対応運動」という側面において把握することである。

1　小作争議の発生――市場対応が生む亀裂

近代日本における小作争議は大正期に興隆する（本格的小作争議段階と言う）が、それに先立ちすでに明治後期には、米穀市場への対応にかかわる地主・小作双方の利害対立から小作争議が発生しつつあった（初期小作争議と言う）。農業サイドにとって歓迎すべきはずの米価向上のための努力が紛争を惹起したのは、生産者（小作農）と米販売者（地主）が分離していたため、「米価向上の利益が誰に帰するのか」において明瞭な利害の対立があったからである。

この米価を向上させるための一連の取組みを産米改良運動とよんでいる。これは上述のように、米穀市場の形成とともに米質改良や市場の要求する規格を遵守することが求められてきたことに対する地主主導の対応策であり、具体的には、市場評価の高い良質米品種の採用とそれに対応した肥培管理、米の商品価値を上げるための乾燥の徹底、砕米を減らすためのゴムロール式籾摺機の使用、搬送過程での目減りを防ぐための二重俵装、小作米の商品性を確保するための三等米以上への限定などであった。いずれの改良策も小作者の諸負担を大幅に増加させるものであったうえに、良質米は一般に収量が低いため小作料支払い後の農民手取りを減少させてしまうのみならず、周密な管理を必要とし労働の強度を増加させるものであった(7)。生産者の負担は増えるにもかかわらず市場価格上昇分は販売者である地主に帰してしまうため、小作農は産米改良の実施に反対して争議化したのである。これらの争議は、地主（販売者）が得るメリットを小作農（生産者）に奨励米（金）を通じて一部還元するなどを内容とする妥協策を講じることにより終息に向かった(8)。

なお表3－1によれば、大正期小作争議の平均規模は、地主二〇人弱・小作人五〇～八〇人・関係耕地九〇ha前後である。行政町村よりは小さい、ムラを舞台にした運動であることがわかる。興味深いのは、初期における小作組合の立ち上げには、しばしば伝統的な共同体規制が動員されたことであ

表3-1　大正期小作争議の規模と性格

	争議件数	小作料一時減免（比率）	参加地主数（1件当たり）	参加小作数（1件当たり）	関係耕地面積（1件当たり）
1918（大正7）	256件	?件	?人	?人	?町歩
1922（大正11）	1,575件	?件	29,077人（18.4人）	125,750人（79.7人）	90,253町歩（57.2町歩）
1926（大正15）	2,721件	1,989件（73.1%）	39,705人（14.4人）	151,061人（54.9人）	93,653町歩（34.8町歩）

注）農地制度資料集成（1969）50〜51頁より作成。

る。それまで地主の権威にひざまずく存在であった小作農が、小作組合をつくってムラに全面的な対立を持ち込むには、彼らをしばりつけていた「社会通念」から飛躍するとともに、場合によっては「村八分」の恐怖に裏づけられた参加強制が必要であったからである。

2　要求課題の経済的性格——近接労働市場の所得水準

大正期には、不作を理由とする「小作料の一時減免」を要求する小作争議が拡大した。表3－1によれば、大正期後半には西日本一円に拡大し一〇〇〇件を大きく超えるまでに至った。ここでのポイントは、不作を理由とする「小作料の一時的な減免要求」にすぎないものではあったが、単なる一過性の紛議ではなく、市場経済の拡大に支えられた「時代」の産物であったことである。大正期小作争議が西日本に集中したのは、西日本の農村地域がすでに市場経済の影響を深く受けていたからである。小作争議の根拠（正当性）を主張するために、しばしば表3－2に示したような「損益計算書」がつくられた。ここには素朴ながら簿記の考え方が取り入れられており、小作農家困窮は収支の不均衡が原因であり、それを是正するためには、現行の生活・経営条件のもとでは小作料を下げる以外に方法がないこと（減免要求の正当

表 3-2　小作田収支計算事例（反当たり）

支出合計　108 円 213		
（苗代）3 円 200		
	物財費：1 円 550	
		肥料 1 円 400（灰 1，リン酸，紫雲英），石油 0 円 050（1 合）
		塩水選用塩 0 円 100（1 升）
	人夫賃：1 円 650	
		（耕作，播種，害虫駆除，灌漑，選種）
（本田）52 円 513		
	物財費：16 円 293	
		肥料 7 円 350（過リン酸石灰，紫雲英種子 5 貫，肥藁 100 把ほか）
		農具・農舎損料および償却費 8 円 519，その他 0 円 424（稲架縄代，俵装材料）
	人夫賃：36 円 220	
		取引扱落調製 6 円 600，田草取 6 円 400，荒起塊返シ切込代掻牛耕 4 円 800，苗取田植 3 円 600，稲刈 1 円 960，その他 12 円 860
（小作料）52 円 500		
収入合計　80 円 837		
	収穫米 74 円 508（2 石 1 斗 2 升 8 合），屑米 1 円 309（7 升），シイラ 0 円 520（1 斗 3 升），藁 4 円 400（550 把），あぜ豆 0 円 100（5 合）	
差引損失　27 円 376		

注）「山崎豊定君提出参考資料　四　平年作ニ於ケル小作田収支計算表」農地制度資料集成（1973）254〜256 頁より作成。

人夫賃は各作業項目中金額の多い 5 項目のみを記した。なお各作業とも男女別に記されていたが合計数値のみ記した。

支出合計原票は個々の数値と合計が一致していない（107 円 273 とあったが，個々の数値の合計は 108 円 213 となる）ので，個々の数値が正しいものと仮定し，支出合計と差引損失の数値を訂正した。

性）が数値で根拠づけられている。ここに市場経済という外部環境に対する一つの洞察をみることができよう。

大正期小作争議は、数年間の昂揚の後、ほぼ二割程度の小作料減免を実現して終息に向かった。小作争議が明示的に要求したわけではないが、結果として落ち着いたこの水準が「近隣の農村労働市場の所得水準」を実現するものであったことが明らかにされている。攻勢期の日農（日本農民組合）では「今年二割、来年三割、末は小作のつくりどり」という歌がつくられたが、実際には、この歌のように争議が「無限」に発展することはなかった。一定の成果（近接する労働市場の労賃水準の確保）を獲得することにより「充足し」

「眠り込んで」いったのである。小作運動の帰趨は、近接労働市場の労賃水準との比較を通じて小作料の不当性を認識するという、当時の運動の担い手の経済的性格に深く規定されていたのであった。(9)

3　土地をめぐって

〈ムラの土地〉

注目すべきことは、地主一般ではなく不在地主に照準を定める傾向がみられたことである。争議相手が不在であることは争議にともなうストレスが少ないうえ、不在地主はムラを捨て耕地管理と戸数割負担(10)の義務を負わない存在であり、これと闘うことは「ムラの平和を乱す」ことではなく「ムラの再生をはかる」ことであると自らの正当性を主張しやすいからである。ここで、不在地主に対する当時の一般的な眼差しを「大正十年小作慣行調査」によってみてみよう。同調査では次のように把握されており、「不在地主の弊害」はある種の世論を形成しさえしていたと言ってよいのである。(11)

其ノ弊ノ最モ一般的ナルモノトシテ数ヘラルルハ左ノ如シ

一、不在地主ハ一般ニ地主間ノ共同事業(地主組合、農事実行組合、耕地整理施行、一般農事改良事業、小作人保護施設等)ヲ為スニ当リ勧誘上手数ヲ要スルノミナラス極メテ冷淡ニシテ加入ヲ嫌フモノ多ク為メニ事業遂行上不便大ナルコト(北海道外一府三十三県)

二、不在地主ハ地方ノ事情ニ疎キト自作不可能ナルヲ以テ小作地ノ返還ヲ恐ルルトノ為小作人或ハ管理人ノ要求スルカ儘ニ小作料ヲ減免スルモノアリテ勢ヒ他ノ一般地主モ均衡上之レニ準シテ小作料ヲ引

下ケサルヘカラサルニ至ルコトアリ(東京府外二府二十二県)
三、不在地主ハ農村財政上枢要ナル戸数割ヲ負担セス、葬祭、救済、其他一般農村社会事業等ニ対スル寄附金ヲナササルモノ多シ(北海道外一府二十一県)
尚以上ノ外今回ノ調査ニ現ハレタル特例ヲ列挙センニ左ノ如シ
一、不在地主ハ地方ノ事情ニ暗キヲ以テ凶作等ニ際シ小作料ノ軽減ヲ要スル場合ニ於テモ之ヲ拒ミ為メニ紛議ヲ醸成スルコトアリテ一般地主間ニモ影響スルコト多シ(山形外五県)
一、管理人ヲ置カサル不在地主ハ殊ニ小作争議等ノ場合ニ於テハ共同ニ行動スルニ不便多シ(静岡、高知)
一、地主間ノ協議ニ際シ代理人ヲ出席セシムルカ或ハ全然出席セサルヲ以テ進捗ヲ阻害サルルコト大ナリ(岐阜、徳島)
一、町村農会及地主会等ノ経費ノ負担ニ応セス又奨励米又奨励米ノ交付ニ付キ在住地主ノ申合セニ同意セサルモノアリ(新潟)
一、地主間ニ於テ互ニ意見ノ交換ヲ為ス機会少ナキヲ以テ意志ノ疎通上不便多シ(群馬)

不在地主が、ムラにとってのみならず、在村地主にとってすら好まれざる存在であったことが興味深い。それは地主間の共同事業を阻害する存在であり、小作争議に対する共同歩調を困難にする存在でもあったのである。他方、近年の研究が明らかにした在村地主の農地購買行動は、驚くべきことに、採算性を犠牲にしてまでもまずはムラの土地の買戻し(回復)に努力するというものであった(沼田二〇〇一)。このようにみれば、小作争議を地主・小作の階級闘争という側面からだけ評価してきたかつての歴史学は全体をとらえそこなっていたのであり、地主も小作も「ムラの再生」(ムラの土地の確保)という論理に強く支えられて行動していたという側面に正しい評価を与える必要があろう。

このように、ムラを範域にしてムラぐるみで闘われた大正期小作料減免争議は、市場原理に基づく農地所有権移動――その端的な現象が不在地主化であり、それは農地を本来期待された利用から離れた資産化傾向を意味した――に批判を加え、土地と人々の関係性をムラに即して組み替える(ムラ社会の再生)機能をもっていたのである。また小作争議は、地主の恣意を制御する客観的基準に基づく小作料減免規定を生み、村外住民への農地売却(したがってまた村外者の農地取得)を制約したり不在地主所有農地の買戻しをすすめたりするなどの、新しい土地管理形態を生み出した。争議を経て、小作料の一定の減額と減免条件の客観化および耕作権の安定化を内容とする新しい地主・小作関係が成立した。このような経緯でできた新しい農村社会システム(近代日本型農村)を、日本農業史研究においては「協調体制」とよんでいる(坂根一九九〇、庄司一九九一、佐藤一九九六)。

〈土地所有の権原〉　なお、「耕作(とくに播種)した」という事実が土地所有権の根拠として強く観念されてきたことを付記しておきたい。岩本(一九八九)によれば、これは古代からの伝統的な観念であるのみならず、近代においても地主・小作間の土地争議の帰趨を決める鍵/もしくは戦術として強く意識されていたものであった。たとえば、小作争議への対抗策として地主層がしばしば「立禁」(立ち入り禁止）措置をとることがあったが、それに対し小作側は、地主が手をつける以前に「いち早く田植えをした事実をつくる」ことで立ち向かった。これは「田植えをした」という事実を先行させることにより、「土地に対する権利」が自らにあることを主張したものであるが、興味深いのは、農村社会における了解事項として司法にとっても十分考慮に値する現実だったというのである。

さらに戦後農地改革期に頻発した小作地引上げにおいて、「もめている間に春耕の時期が迫ってきたので小作人のほうでは耕作をはじめ、地主のほうも〝これではならぬ〟と耕作に乗り出し、双方が競って早く出ては田に入り隙をうかがって一方がまた入るという悶着がおきており、中村吉治はこの事態に対して〝自分の土地だから耕作して収穫を得るというのが平穏無事のときの考え方だが、土地の所属が決まっていないような事態では、それが逆になる〟と説明している」（四四〜四五頁の要約）。

要するに、戦後にあっても「〝農地を所有する〟とは〝農地を耕作する〟こと」という農地所有観が強くベースにあったのであり、不在地主という存在は、この側面においても容認されるものではなかったのである。

4　小作料減免争議から不在地主土地放出勧告へ

小作運動との関連で注目されることは、「協調体制」は確かに小作争議を鎮静化させたが小作農民の農地所有権要求が弱まることはなく、戦後農地改革に至るまで自作農化の流れが継続したことである。農地の取得は、小作運動リーダーからは運動鎮静化作用が、農業経済学者からは不経済性が問題とされ、いずれの側からも忌避されたが、小作農民たちの農地購入意欲が減退することはなかった。かかる状況は、農地は生産手段ではなく家産（イエの構成要素としての土地）であるという観念の強靭さ（農地所有の社会性）とともに、高額小作料は持続しているうえ農地調整法（一九三八年）が耕作権（小作者の耕作継続権）を法認したとはいえ依然として信頼を置けないという実情（中進国性）によって生み出されたものであった[12]。

やや極端な例ではあるが、戦時末期に村長自らが「不在地主土地放出勧告」を出した村の事例を紹介しておきたい。京都府相楽郡瓶原村（現木津川市[13]）では、一九二五（大正十四）年に八つの大字中の五つで小作料減免争議が発生した。うち四大字では単年度二割五分程度の減免で早期に妥結したが、前年に日本農民組合河原支部（名称は「瓶原村字河原同業組合」）を結成していた大字河原のみは、作成した「損益計算書」に基づき「理論武装」、「八割減免ヲ主張シテ」譲らず、未決のまま越年した。この様子を、当時の「京都日出新聞」は次のように伝えている。「瓶原村の小作争議、地主小作共強硬。府下相楽郡瓶原村字河原区の小作争議は地主小作共双方意志堅く、小作人は舊冬来六割《ママ》減免を要求して一歩も譲らず、地主は余り法外の要求に殆ど手の着けようもないので、此程弁護士に依頼し京都地方裁判所へ土地返還及び年貢米請求の訴訟を提起した。因に同区の関係耕地は一七町歩年貢米三〇〇石余で、地主は石井九蔵外一〇名余小作人は四〇余名に達す」。地主は農民組合に対抗して協調組合「親和会」を組織、河原を二分する大争議となったのである。

河原争議は一九二六年に至り「五年間小作料二割減」でひとまずの決着をみたが、台風被害にみまわれた一九三二年には六大字で、再び不作となった一九三三年には全大字で小作料減免争議がおこった。三一年争議において興味深いのは、小作運動の中心地であった河原が一切動きをみせなかったことである。「五年間二割減」の成果は、他大字の争議化を後押しする力になる一方、河原には「五年間の協調体制」を生み出したのである。続く三一年争議では、「五ケ年間」の小作料改定期限が切れた河原では、地主側から「協議ノ結果根本的ニ解決スルタメ自発的ニ向フ五ケ年間小作料二割ヲ減額スル」旨が申し入れられるという新事態がおきるとともに有力地主(一九二五年の農地所有面積一〇二反、本村第二位)が京都へ転居(不在地主化)するという事態がおきた。

このようななかで、経済更生運動下の一九三三(昭和八)年には村政指導層が一新され、旧来の政治を踏襲する通称「役場派」から農村経済の立て直しをめざす通称「産組派」(産業組合派の意味)へと転換した。「産組派」のリーダーは、河原の在村地主(一九二五年の農地所有面積四八反)であるY氏である。このグループの性格は「産組派」という名称に象徴的に表現されている。彼らがしたことは、第一に、畜力増強による耕耘過程の畜力化と厩肥の確保であり、一九三三年時点で五四頭(一頭当たり、農家戸数約八戸・耕地面積約六町歩)であった役牛を一九四四年には一七一頭(一頭当たり、農家戸数約二戸・耕地面積約二町歩)にまで増加せしめた。第二には、全村規模の土地改良である。暗渠排水(三四〇反)・耕地整理(二四一反)・客土(一一六反)を中心に開田開畑(六四反)・農道水路整備・区画整理・交換分合を含む総合的なものであった。第三は、労力調整=共同化事業である。生産過程においては精米機・製縄機・製麺機などを導入して共同化をすすめた。流通過程においてはみかん・くり・こんにゃくなどの

資料 3-1 「不在地主への土地放出勧告」

謹啓　新緑の候益々御適賀奉候
陳者既に御承知の通り帝国政府に於ては日満食糧自給政策ヲ《ママ》樹立し自作農創設を第一に採り揚げ居候　自作農の創設は只単に耕作地を得させるのみならづ農家経済を安定し経営の基礎を確立する上に極めて緊要なる事に御座候
本村も政府の方針に従ひ是が即刻実現を希求して止まざる次第に之有，本年度に於いては不在地主の所有地を全面的に御開放願度存念に御座候　就而　御尊家御歴代の御家宝に対し誠に恐縮千万なる御願ひには候へ共　貴下本村に御所有土地を是非御開放願ひ度御伺の上可本意に候へ共該当関係者を自身御伺ひ致す様指導致し居り候間何卒格別の御計ひに預り皇国農村確立に一段のご援助賜り度寸楮を以て御願申上候

敬白

昭和十九年五月二十三日
相楽郡瓶原村村長
岩　田　金　孝
印
殿

注）野田(1989)122 頁より転載。原資料は，京都府相楽郡旧瓶原村（現加茂町）役場資料。本資料の位置づけについては同書を参照されたい。

共同販売を行なうとともに、購買事業を拡大し「必要とされた購入肥料を全部不足なく供給出来た」（一九四二年）という。本村は一九四三年に皇国標準農村の指定を受けた。

以上のような経緯を経て、本村農業改革の言わば最終段階として実施されたのが、一九四四年に瓶原村長名で出された不在地主への土地放出勧告であった（資料３－１）。「もうずっと前から、〝一時出〟の不在地主はともかく、〝出切り〟の不在地主は土地を手放すのが当然だと思っていた」「自作と小作とでは土地改良への関心度がまるで違う。……小作には篤農家は生まれないと思った」とはＹ氏の述懐である。ここから農地改革までは、ほんの一歩であった。しかし、ここでもやはり、求められていたのは単なる自作化ではなく、「ムラの土地の保全」でもあったことが注目されるべきであろう。

三　農家小組合運動の論理

1　大正期農家小組合の歴史的性格

小作争議とほぼ同じ時期に、農家小組合づくりが熱心にすすめられていた。それは、ほぼ流通過程の共同でしかなかった産業組合とは異なり「生産過程の共同」に取り組んだという点で注目すべき組織であった。市場対応を課題とした機能集団としての性格を帯びているという点(明治期小組合に対する個性である)で、なお自治的性格を確保しているという点(昭和期小組合＝実行組合に対する個性である)で、ここでは大正期農家小組合のもつ農業主体性(したがってまた可能性)を重視して考察したい。

棚橋(一九五五)は、大正期には「地方当局または農会の指導奨励」が一般的となったため、急速な拡大をみた半面、「中には天降り的・形式的に設置されたものも見出され」るという事態を生んだことを指摘しつつも、その新しい性格と積極面を次のように述べている。①生産技術に関連するもののうち、注目すべきは「採種圃」経営の増加であるが、これは主要食糧農産物改良増殖奨励規則(一九一九年)に基づき、優良品種の普及奨励に努めた結果である(二一四～二一五頁)。②「経営経済的機能がかなりの重要性をもって新たに附け加えられることになった」(二一五頁)こと、すなわち、「農村問題の対策の一つ」として設立されたものが急増したことである。「そこにまた労働問題の影響が見出される」と言う。

大正期農家小組合に対する同様の位置づけは、帝国農会がとりまとめた冊子「農家組合」にもあり、たとえば次のように指摘されていた。「近年に入りて農業経営の改善と農家経済の向上とを主眼とする共同施設に依り共同利益を享受せんとする趣旨」(帝国農会「農家組合」)(二五〜二六頁)。「一般社会経済の発展に伴い、農村においても流通経済が発達し、農業経営上生産力(物的生産力)よりは収利力に重点がおかれるに至り、農家小組合においても農業経営の改善と農家経済の向上に関する役割がかなりの重要性をもって従来の「農事の改良」の機能に附加せしめられることとなった」(14)。

2 滋賀県の事例分析(1)——育成政策の概要

大正期小組合の具体的性格を、自生的な小組合運動発祥の地ともされる滋賀県(15)の事例を通じてみる。滋賀県において農家小組合(本県では「農業組合」とよんだ。以下滋賀県の農家小組合をさすときは農業組合と表記する)設立が本格化するのは、一九二二年に県農会が育成方針を決定して以降である。県農会は方針採択の事情を次のように説明している(16)。

「現代商工業ノ発達ハ、農村労力ヲ急激に奪却シ、茲ニ農業ノ経営難ガ叫バレ小作地ノ移動シキリニ行ハレ、時ニ不毛ノ耕地ヲ現出スルノ不祥事」があるため、「耕種ニ偏重シテ余リ技術ノミニ重キヲ置キスギタル傾キ」を是正し「同時ニ企業的経営ノ方面」に発展し、「労力節約ヲ経トシ能率増進ヲ偉トシ旧来ノ農法ニ一大英断」をふるわねばならない。求められているのは、「耕種農業(単式農業)・労働集約的農業(技術的農業・多収的農業・労力万能的農業・筋肉的農業)」から「耕種副業農業(複式農業）・労力節約農業（粗放農業にあらず……経営的農業・多収益農業・資本集約的農業・頭脳的農業）」へと大転換を遂げることであるが、これは個別農家だけでできることではなく「農業の組合化」を通じてこそ可能になると言う。そして農業組合に期待された具体事業とは、①農業経営方法改善の断行、②適当なる副業の導入による労働能率の向上、③産業組合を利用した資金充実、農会を利用した農業の擁護、④耕地集団化と交換分合の促進等であった。

奨励開始初年度（一九二二年）には各郡に一組合ずつ・計一二組合が設置された。このような厳選主義・典型主義がとられたのは「創始ノ当初ニ於テ粗製濫造的ニ内容ノ貧弱ナルモノデアッテハ普及上ニ大蹉跌」(17)がありうると判断されたからである。以降毎年のように農業組合長懇談会が開催され経験交流がはかられるとともに、毎月の『滋賀県農会報』には種々の調査・分析が紹介され、積極的な啓蒙活動が展開された。初期一〇年間の本県『農会報』はまさに農業組合（農家小組合）を中心に編集されているかのような印象を受ける。本県においては県農会の指導性が当初より明瞭であり、かつ農業経営改善における農業組合の位置づけは他府県に比しても相当大きなものがあったと言える。

第二の特徴は、主に労力節約を軸にした農業経営改善を意図していたことを反映して、初期組合はいずれも農業機械の共同購入・共同利用を柱として組織されていたことである。初年度に設立された一二の組合はすべてそうであり、「労力節約—他部門への労力振り向け—総収益の増大と安定」という論理的連関の起点に農業機械の導入が位置づけられていた。その後、昭和恐慌を契機にして再び「自給的多角化」「多労による総収益の増加」に回帰することになったとはいえ、初期の農業組合においては「技術革新」と「それを可能にする経済組織の改編」という、チャレンジングな姿勢があったことがみてとれる。[18]

ただし『農会報』の記事から判断する限り、農業組合が農業経営改善の切り札として情熱が傾けられ豊かな創意が発揮されたのはほぼ一〇年にすぎなかったようである。準戦時体制(一九三一年〜)の後半から戦時体制(一九三七年〜)にかけて、農業組合の法人形態である農事実行組合がほぼ全村を網羅し統制経済のまさにキーの役割を担うことになるが、それとともに『滋賀県農会報』(一九二八年以降は『滋賀農報』に名称変更)の記事はみずみずしさを失い、単なる項目の羅列に終止してしまったからである。これは後に第五章でみるように、統制経済の下請機関と化したことによる事業内容の画一化や、上意下達方式の強化による創意性の剝奪がすすんだことの影響であろう。この点で、農業組合と農事実行組合との間には大きな断絶があるといわなければならない。[19]

3　滋賀県の事例分析(2)――一九二五年の事業内容

表3―3は、一九二五(大正十四)年時点で存在していた二五六組合の実施事業を整理したものである。二五六組合が実施している事業総数は二二七八であり、一組合平均八・九となる。ここから指摘できる特徴は、次のようなものである。

農家小組合の主たる貢献が(産業組合とは異なり)「生産過程の共同」にあったことは歴然としている。表中①②④⑥⑦⑨⑩は明瞭にそうであり、⑧や⑪における研究会や視察の多くもその関連事業と言

表 3-3　滋賀県における農家小組合（農業組合）**の事業内容**（1925 年 10 月 1 日・256 組合）

事業種類	事業数	主な事業
①労働能率向上	562	共同籾摺(178)，共同精米(146)，共同耕作(103)，共同精麦(31)，労力調整(29)，共同脱穀(22)，牛耕実施(15)ほか
②耕種部門改良	289	品種改良(62)，米麦採種圃設置(56)，共同経営(28)，果樹蔬菜改良(20) 麦作改良(18)ほか
③共同購入	250	(多くは内容未記入)
④耕地・水利改善	243	機械揚水(93)，耕地集団化(42)など
⑤共同販売	230	マユ(34)，商品作物〈果実・蔬菜・ビール麦など〉(19)ほか(多くは内容未記入)
⑥農林産加工	190	製縄(80)，製筵(54)，練炭(13)ほか＊
⑦養畜関係	161	養鶏(84)，養鯉(50)，畜牛(17)ほか
⑧福利増進等	157	研究会・講話会(90)，労働協定・賃金協定(22)，慰安会実施・娯楽慰安日の設定(10)，視察(8)ほか
⑨養蚕関係	128	(多くは内容未記入)
⑩山林・竹林	40	(1 件を除きすべて竹林関係事業)
⑪品評会開催	23	(内容不明)
⑫自作農創設	5	(内容不明)
合計	2,278	

注)「農業組合現況調査」(大正 14 年 10 月 1 日現在)『滋賀県農会報』144 号(1926 年 3 月)より作成。
「事業数」は延べ数。「主な事業」中(　)内数値は実施組合数。＊変わったものでは麻織(2)，編み笠(1)などがあった。

ってよかろう。これらを合計(便宜的に⑧は半数のみをカウントした)すれば全事業の七五%を超える。「①労働能率向上」に最大の関心が向けられているが、より詳細にみると、単なる「労働能率向上」ではなく作業の能率化・集団化によって、適期内作業(農業では必須条件である)を可能にするとともに、調製レベルを揃えることにより品質改良・市場評価向上を実現する機能を併せもっていたと言えよう。「共同籾摺」の大部分はゴムロール式籾摺機の導入と一体化しており、これもまた明確に米質改良と抱き合わせになっている。先に述べたように、同籾摺機は砕米をほとんど発生させず、販売米の市場評価を高める機能をもっていたからである。[20]

また、「共同籾摺」「共同精米」「共同精麦」「共同脱穀」「機械揚水」のいずれにおいても、当時登場しつつあった先端的な農業機械が積極的に導入されており、あたかも機械共同利用組合のような状況を呈している。個人では導入できない新しい農業機械を集団で導入し、それをコアにして共同作業を編成しているのである。「牛耕実施」についても、この時期が近代短床犂の普及期であったことを考えれば、先端的な労働手段の導入・普及過程のひとこまであった可能性が高い。新技術の修得に熱心であり、市場評価を上げることに大きな関心を寄せてきたことがうかがえる。

「品評会」「研修会・講話会」「視察」などは、「生産過程の共同」とは区別されるが、いずれも新品種・新技術および市場評価への強い関心に支えられた共同の取組みであったと言えよう。さらに、「労働協定・賃金協定」(二二)、「慰安会実施・娯楽慰安日の設定」(一〇)などの取組みもあった。大正デモクラシーの雰囲気の一端が示されているといってもよいのかもしれない。しかも、当初はこれらの課題があげられていたわけではないのに実際の運用過程で付加されていったことが興味深い。

かくしてムラ農業組織としての小組合は、明治期にはムラ(総合)から入り事業(技術と生産)へと向かい、大正期には事業の多様化を経て再び総合に向かったということになろうか。農家小組合は、技術普及組織にとどまるものではなかったことはむろん、経済組織であることも超えて、社会レベル・政治レベルでのムラ改革にも影響を及ぼす存在になっていったと言えるのかもしれない。

4　農家小組合の二タイプ——地域型と事業型

ここまでは「農家小組合」を一括して考察してきたが、実は統計上「一般的事業を行なう小組合」と

「特殊事業を行なう小組合」に区分される二種類がある。前者の「一般的事業」は「総合的事業」と記されている場合もあり、事業の「総合」(一般)性は「部落の組織にふさわしい」と説明されている場合もある。また農務局(一九三二)では「地区ヲ主トスルモノ」と「事業ヲ主トスルモノ」という「編成原理」を前面に出した分類がなされており、一九二八年において、「地区ヲ主トスル」ものは組合数で一〇万八六六五(六九・〇%)・組合員数で二七一万五九八四人(五八・五%)、「事業ヲ主トスル」ものは同じく四万八七七四組合(三一・〇%)・一九二万四六三三人(四一・五%)と記されている。ここでは、統計分類上「一般的事業」や「総合的事業」を行なうものとされている小組合は、「地区」を基準にして編成されたものであり、その「地区」とは(統計分類上の)「部落」を中心とする小地域のことである。本節の叙述は、実は「地区基準」の農家小組合に注目したものであった。以下、両小組合の性格をやや詳しく比較考察したい(農林省農務局一九三二)。

〈地区基準で編成された小組合〉 先に述べたように実際の名称は雑多であり、所属組合員数が多い順に記せば、農事小組合・部落農会・農事改良実行組合・農事実行組合・農家組合・部落農区・農事組合・農事改良組合・農業基礎団体(これは農務局の分類名であろうか?)などとなる。個々の組合の範域は不明である(それが旧藩政村であるか農業集落であるかそれ以外であるか、という判定ができないという意味である)が組合員数は判明するので、そこから組合の地縁的性格の実態について見当をつけることにしたい[21](表3-4)。

「地区基準小組合」の一組合当たり平均組合員数は二五人、「部落農会」の六五人が際立って多く、三

表3-4 1組合当たり組合員数

(イ) 地区ヲ主トシテ見タルモノ (単位＝人)

	最多	普通	最少
農事小組合	342	30	10
部落農会	640	65	5
農事改良実行組合	324	32	6
農事実行組合	120	30	3
農家組合	101	20	4
部落農区	270	35	7
農事組合	348	25	8

(ロ) 事業ヲ主トシテ見タルモノ (単位＝人)

	最多	普通	最少
採種組合	412	50	33
貯金組合	128	30	10
副業組合	2,306	67	7
養鶏組合	350	100	35
共同作業組合	400	40	15
出荷組合	324	32	6

注)(イ)(ロ)とも農林省農務局(1931)18頁より作成。

五人の「部落農区」がそれに次ぎ、他はすべて二〇人から三二人の範囲に収まっている。「部落」を冠した二つの小組合(とくに部落農会)には「農業集落」のみならずそれを大きく超えるものが相当数混入していたことは間違いないであろう(部落農会の一組合当たり最大組合員数は六四〇人である)し、他のものの多くは「農業集落」に対応していたといってよいかもしれない。他方一組合当たり最少人数をみると、「農事小組合」が一〇人である以外はすべてヒトケタ(最少三人)であり、これを「農業集落」とよびうるか否かは別途考察を要する。

〈事業基準で編成された小組合〉 ここでも実際の名称は多様であり、同じく組合員数順に記せば、採種組合・副業組合・養鶏組合・貯金組合・出荷組合・共同作業組合・養豚組合・養兎組合・園芸組合となる(ここでは最多と思われる養蚕組合が欠けている)。うち、貯金組合には面接(信頼)性の高さが不可欠であり(日本における信用組合の設置範囲をめぐる議論の中心はこの点にあった)、共同作業組合においては共同作業の種類によっては面的凝集性が必要となろう。他方、養豚組合や養兎組合および副業組合の場合は、それぞれの専門性に基づく属人的結合であるから地縁的しばりはそれだけ弱くなるであろう。

そのような観点をもちつつ、一組合当たり平均組合員数を比較すると次のようになる(園芸組合と養兎組合は判明しないので除外)。全体平均は三九人であり、最多は養鶏組合の一〇〇人、次いで副業組合の六七人、最少は貯金組合の三〇人、出荷組合の三二人となる。うち、少ないほうの二つは事業が総合的ではないので「地区基準」とはよべないというだけで、実態はムラ組織(地区基準)と考えたほうがよいであろう。他方、多いほうの二つは明瞭に集落の範囲を越えている。とくに副業組合の最大組合は二三〇六人の組合員を有しており、養鶏組合の場合は最小組合でも三五人であることを考えれば、広い意味での「産地化」の動きを体現しているといってよい[22]。

以上のように、農家小組合は基本的にはムラの結合力に立脚しムラを単位とした農業組織化の動きではあったが、そのなかにムラを越えた「産地化」の動きを体現するものと位置づけるべきものも含まれていた。少なくとも農家小組合として計上された数値はこの両者を合算したものであったが、これまではその区別をほとんどしないまま事実上「地区基準」の小組合に関心を寄せてきたようにみえる。しかし、その双方に固有の時代的意味(小農発展の日本型形態)があったといわなければならないであろう。そして、ムラを越えて「産地としての新しい結合」をつくる――このような営為のかなたには、より大きなエリアを舞台とするネットワーク型の組織化がありうるであろう。その際立った成功例を、庄内における水稲民間育種の活動にみたい。

四　庄内における水稲民間育種の取組み

ムラを越えたネットワークのなかで水稲育種に精力的に取り組み、大きな成果をあげたものとして庄内地域がある。菅(一九九〇)を中心にその特徴を概括するが、菅自身が遺伝育種学の専門家として農林省の試験場・研究機関等で育種に携わった経歴のもち主であることが興味深い。

1　実績の概要

驚かされるのは、同書目次にあげられている庄内地方の民間育種家だけで四一名(うち第二次大戦後三名)にのぼり、彼らが育成した品種数は一七六に達することである。しかも著者が記すように、まだ埋もれている人々は数多いるであろうことに加え、何よりもこのようなトップ・ブリーダーを大量に生み出した膨大な裾野(地域ネットワーク)が確実に存在していることに注目すべきであろう。

表3－5は同書に収録されているデータを使い、年代別育成品種数とそれらの作付面積の水準をまとめたものである。育成品種数でみれば(年代を確定できないものが四二種・約二四％あるが、それを除く)、一九〇〇年代～一九二〇年代(明治後期～大正後期)が最盛期で一〇三種・約七七％を占める。これらの新品種に対する農家の需要(普及程度)を「最高時の作付面積が一千町歩以上の品種数」でみると、普及率においてもこの三〇年間が最盛期であったと言える。

表 3-5　山形県における民間育成品種の育成時期と品種数

年代	1880 年代以前	1890 年代	1900 年代	1910 年代	1920 年代
育成品種数	2＊　(1)	6　(3)	21　(9)	35　(8)	47　(12)
年代	1930 年代	1940 年代	1950 年代以降	不明	合計
育成品種数	9　(4)	8　(1)	6＊＊　(0)	42　(0)	176　(38)

注）菅(1990)307～316 頁「山形県水稲民間育成品種一覧」より作成。なお 1890 年代とは 1881～1890 年，以下同じ。育成年は「発見あるいは交配年」。＊1 件は 1819 年。＊＊1 件は 1963 年(他は 1950 年代)。(　)内は，うち「作付面積が 1,000 町歩以上あったことが判明したもの」。

なお、戦前期の山形県では一万町歩以上の作付実績をもつ品種が八種あった(鎌形一九五三)が、実にうち七品種が民間育成品種であったのである。[23] 一九三〇年代以降は、育成品種数も普及面積も明らかに減少するし、とくに一九四〇年代以降は作付面積一〇〇〇町歩以上品種率が大きく落ちることから、新品種に対する農家の需要が減少したと言えるかもしれない。しかし、国家が前面化した時代になお、民間育種の伝統が連綿と持続したことにこそ注目したい。[24]

2　民間育種家の革新性

「明治三七年に農商務省農事試験場畿内支場において加藤茂苞技師により、はじめて交配による品種改良が開始されて以来、育種の方法が特性検定、系統適応性検定、原種決定試験、さらに出穂期の異なる品種の出穂促進のための短日処理なども含めてしだいに複雑になるにつれて、育種が農民の手を離れていくのは当然の成り行きであった」(上掲菅、一一七頁)。また「育種のような事業は、科学的基盤に立って長年月を必要とし、しかも経費もかかるので簡単になしうることではないし、経済的にも決してペイするとはいいがたい」(一〇〇頁)と言う。にもかかわらず庄内で、民間育種が(統計的には)その後の大正期に爛熟期を迎えることができたのは、なぜであろうか。とくに注目すべき二つの事例を概括しつつ、その点を考えてみたい。

〈工藤吉郎兵衛〉 卓越した育種家として工藤吉郎兵衛(西田川郡京田村大字中野京田)が紹介されている。工藤の非凡なところは、①国立試験場に先駆けて人工交配を試みたこと、②変異体が出やすい特定品種を栽培し意識的に変異体探しを行なったこと、③遠方の品種を交配に用いるうえで出穂期をそろえるために短日処理法を導入したこと、などであり、さらに、これらの取組みの背景には、④明治農法が必要とする新品種の開発および⑤二毛作を可能にする品種と作付体系の開発という明確な意図があったことである。

①は、一九〇二(明治三十五)年前後に人工交配を試みているが、国立試験場で稲の人工交配に成功したのが一九〇四(明治三十七)年であったことを考えれば、「まさに驚嘆に値する」ものであった(五九頁)。さらに、一九二三(大正十二)年時点で「シベリア」という外国品種を稲の交配に使っているが、「農林省などの育種でさえも、外国品種を交配に使っているのははるか後で、大部分は第二次世界大戦後のこと」であることを考えれば、これまた驚異的であった。

②は、「偶然に」変異体を発見するのではなく、「従来から変種が出現しやすいといわれていた愛国を一〇aの面積に栽培して一本一本変異体を探して歩」くという明確な目的意識をもって変種探しを行なったことである。

③は、昭和に入ると交配に用いる品種に大阪以西のものを用いることが多くなり、両交配親の出穂期

を調整する必要が生じたことへの対応である。「西南暖地の品種は感光性が強いため、庄内地方の自然日長下では、出穂が著しく遅れ」（九〇頁）交配ができないからである。短日処理法とは一定時間被覆することにより日長を短縮する措置であるが、これも近代農学の成果の導入である。導入は一九三四（昭和九）年、工藤はすでに七十五歳の高齢であり、「まさに、利害を超越した育種に対する情熱であった」（九一頁）。

〈西田川郡農会と佐藤順治〉　育種事業に郡や市町村レベルの農会が取り組むのは稀で、「育種組織をつくりそれが実際に機能した例は」西田川郡農会のみであった。本農会では、一九一五（大正四）年に郡農会萩尾技手と佐藤・石川の二名を農商務省農事試験場畿内支場（大阪府）に研修に派遣し、人工交配の基礎を修得させた。同支場が研究目標を「米麦の雑種や系統分離による優良品種の育成と遺伝法則の研究」に設定したのは翌一九一六（大正五）年であり、最先端の研究領域に果敢に挑戦したものであった。そして、先の両名が交配係を務め、得られた雑種（F_1）を「郡内に分散居住する農民からなる育種家に配布して、雑種第二代以降の世代について、それぞれ条件の異なる土地で選抜にあたらせ」（一〇八頁）、一九一七（大正六）年より配布を開始したのである。

国の試験場でも、地方的な条件差に対応するために、初期世代を経たものを各地の試験場に配布して中期・後期世代を選抜する方式を採用したのは、水稲では一九二七（昭和二）年からであった。類似の方式を国に先駆けて採用したという点でも「じつに驚嘆に値する」（一〇九頁）ものであった。

また一九一七（大正六）年には、佐藤順治の執筆になる「育種ニ関スル注意事項」というパンフが発行されている。菅によれば、日本育種学会が創立されてわずか二年後にそれらの最新情報を盛り込んだパンフができたこと自体が「驚嘆に値する」(一一五頁)だけではなく、佐藤自身の体験も種々もられていると言う。研究の最新情報と自身の経験を関連づけながらマニュアルを作成することができるというのは、なみなみならぬ力量を必要とする。これもまた、庄内の民間育種家たちが際立った能力を有していたことの証明と言えよう。

3 ネットワークという力

以上は、郡農会が育種組織をつくり郡農会技師と佐藤ら三人を国立試験場に研修に行かせ、育成した新品種は農家に多数配布して実証的に検討するという極めて組織的な取組みであったことが注目される。また、これらの活動が陰に陽に、国の農事試験場の技師加藤茂苞の指導を受けつつすすめられたとの指摘もある。加藤は、庄内出身で郷土の先輩であり、かつ一九〇四(明治三十七)年に農事試験場ではじめて稲の人工交配に着手した人物である。「わが国で稲の近代的育種を始めた人が庄内出身であったことが、庄内における民間育種の成功の大切な支柱になった……茂苞がいなければ成立しなかった民間育成種も少なくなかったのである」(三〇五頁)。さらに、佐藤の日誌からは、庄内の代表的民間育種家である工藤と佐藤自体が密接な交流をもっていることがわかる。また、上述のように、佐藤らの活動が新品種の評価を実証しようという多数の農家の参加によって支えられているのであり、郡農会と佐藤順治が起点になりつつも、国の試験場・育種家たち・その協力者たちの分厚いネットワークがかかる成果の背景にあった。そしてこれもまた、多分に庄内という「地域」に根差したつながりであったことが注目されるであろう。

補節　農民運動論の未熟

1　小作争議と農家小組合の対立

以上みてきたように、「農村問題」が最大の社会問題の一つになった大正時代には、小農経営を発展させるために小作争議と農家小組合という二つの小農運動が取り組まれた。前者は政治性、後者は経済性が強いという違いはあるが、両者の目標はいずれも直接生産者の取り分を増加させることであった。そのために小作争議は生産した富の分配率を変える方法(小作料減免)をとり、農家小組合はパイ自体を拡大する方法(増産・作物選択・品質差別化・共販)をとったが、分配率(＝地主・小作関係)変更をめざす小作争議からみれば、農家小組合は政治的争点をあいまいにする「経済主義」であり、パイ自体の増額をめざす農家小組合からみれば、小作争議はいたずらに対立をあおる、経済性を欠いた「政治主義」でしかない。「農業の不利化」が急速に拡大してきた当時にあっては、両者がともに動員されることによってのみ効果的改善が可能であったと考えられるが、いずれにおいてもそのことが理解されなかったのである。

この問題を農民運動(小作争議)の側から再考してみたい。小作運動の指導者の一部にはマルクス主義の影響が強かったが、マルクス主義は小農を「淘汰されるべき過渡的存在」(農民分解論)として理解し、小農を守ること自体には意義を見出さない。したがって彼らにとっては、小作争議の発展方向は小作料減免を通じて地代(小作料)水準を切り下げ最終的にはゼロ(土地国有)にすることをめざすとともに、生産力の抜本的強化を図るために大経営(集団経営)化を志向するものになる。このような考え方からすれば、農家を守ることとそれ自体は、理論的に要請される発展を阻止する「反動的方策」でしかないのである。もちろん現実はこのようには動かず、農家はパイの増化(それ自体が農家の喜びであろう)を求め続けたし、農地を持ちたいという願望が低下することはなかった。そしてそもそも、本章が明らかにしたように、農民は状況に流されるだけの受動的・消極的な存在ではなかったし、「社会変動にも反応しない本質的存在」(偏狭な農本主義)でもなかった。自立性・安定性と合理性および時代への適応力を十分に備えた存在であったのである。このような事実が明らかになるなかで、次にみるように、運動経験を理論からではなく実態の側から反省的にとらえる見解も登場してきた。その例を、代表的なマルクス主義農業問題研究者である栗原百寿にみたい。

2 小農論の未熟

栗原百寿最晩年の著作『香川県農民運動史の構造的研究』(一九五五年)は、次のような衝撃的問いかけから始まる。「質・量ともに最強を誇った日農香川県連が、三・一五弾圧によってかくも容易に壊滅し去ったのはなぜか」（野田が要約）――「小作争議によるムラの力関係変化」「米麦作と商業的農業の発達」「出稼ぎ組織化による賃労働機会の確保」の結果「弾圧に抗してまで運動に立ち上がる必要性を認めなくなった」ことがその回答であるが、これは先述した小農経済改善の諸方策にほぼ対応している。

この栗原の提起を受けて「小作争議〈眠り込み〉の経済的根拠」を明らかにしたのが、いわゆる協調体制論である。それによれば、（a）小作料減免要求の水準は大局的にみて（比較および代替可能な）近在の賃金水準に規定されており、それを超えて運動を継続させる論理はない（運動眠り込みの根拠）、（b）大正期小作争議の結果、減免水準の維持と地主の恣意性を排するムラの集団協約（協調体制）ができ、ムラの政治関係は一新された。さらに西田（一九九七）は、（c）激発的だが持続性に乏しい労働運動とは異なり農民運動は強い持続力をもち要求達成度も高かったことを、樋渡（一九九一）は（d）戦後農地改革が農民を保守化させたという通説は間違いであり、戦後自作農が「保守政治の基盤」になるのは補助金を軸にした農民利益回収メカニズムの作動以降であることを明らかにした。

これらの知見はいずれも小農という存在の特質に注目することによって得られたものであり、その各々が小農的主体形成の諸要素および諸過程を意味している。労働運動とは論理もサイクルも異なるのであり、運動の指導者および指導理論は小農に即した論理とサイクルの連関のなかでこそ主体のありようと運動の成長をみるべきであったと言えよう。

3　ムラ論の未熟

マルクス主義は共同体からの個の解放に大きな意義を認めていたから、日本的な共同体とみなされていたムラに対してネガティブな評価をしていたことは間違いないが、小農理解が農民運動論に直接的な影響を与えたのとは異なり、ムラ論の影響は不鮮明である。この点を、小農論の見地から鋭い問題提起をした先の栗原が初めて本格的なムラ分析に取り組んだ「労力調整より観たる部落農業団体の分析」（栗原一九四一）を通じてみてみよう。ここで栗原が課題としたのは、「部落における労力調整諸関係を……いわゆる部落ヒエラルヒーを基礎として解明する」（三〇四頁）ことであり、具体的には「部落組成を……家系関係、土地所有関係（地主小作関係）、労力事情（日雇、結、年雇、共同作業）、および負債関係」の「相互的結合関係」（三二〇頁）として明らかにすることであった。しかしその結論は「元来地主小作関係は……最初においては本家分家の血縁関係に従属したものであった……それが血縁関係の分解にともなって地主小作関係がしだいに独立し優位する……すでに家格関係よりも土地所有関係の方が優位に立っている」（三四〇頁）というものである。農村社会を構成する多様な要素を分析したにもかかわらず、それを村落論として構成するには至らず、結局は階級関係に還元してしまっているのである。これもまた小農と同じく、過渡的で消滅を不可避とされた存在として理解していたことが作用しているのであろうか。

明示的なムラ批判論は戦後の産物であった。「戦後民主化」の時代にポジとして位置づけられた「個の自立」の、対極にあるネガとして＝批判すべき格好の対象として見出されたものがムラ（＝共同性の制約）であったのであろう。しかしそれは、本章でみたように、共同のもつ有効性とフレキシビリティ（対応能力）を完全に没却した議論であり、ある種の「いけにえ」とも言えるものであったように思う。(25)

注

（1）農業経済学における援用事例として本間（二〇一〇）。「一九四〇年体制」論については、たとえば野口悠紀雄『一九四〇年体制』東洋経済新報社・一九九五年、『新版　一九四〇年体制』同・二〇〇二年。

（2）経済更生運動など日本の農村政策の歴史的経験が、アジア的小農社会の発展モデルとして近年の開発経済学において注目されているようであるが、「国家の介入性」がもたらした影響に関する留保が必要であろう。その否定的側面は、中進国日本より後進諸国においてよりシリアスであろうからである。

（3）農村社会運動という視角から注目されるべきいま一つの時期は、第二次大戦後である。大正期のような国・社会・文明のあり方を問うようなスケールはないが、「植民地の喪失が主食＝米自給の達成を国民的悲願にしたこと」と「農地改革により農村内部の対立を大幅に緩和したこと」が新鮮な息吹を与えた。青年層に加えて女性たちが大量に加わったこと、彼ら／彼女らによって新技術の習得・増産と農村生活の改善が大きな共通課題になったのがこの時期の特徴であった。その全貌を明らかにすること、これらの息吹が高揚しかつ逼塞していく過程を明らかにすることはこれからの重要課題であろう。

（4）日本園芸中央会（一九四三）は、第一次大戦以降の「輸送園芸」の発展を、「年々発達していく交通機関を利用し、都会地に輸送される輸送園芸の発達は実に目覚ましいものである」とし、次のような産地・産物を記している。「大正より昭和に至り華々しく活躍した、奈良、高知、熊本の西瓜、広島の甘藍、北海道の葱頭《たまねぎ》、馬鈴薯、アスパラガス、宮城の白菜、蚕豆、岩手の甘藍及び特殊蔬菜としての山形の甘藷、露地野菜、露地メロン、新潟の一般野菜、高冷地としての長野の白菜、甘藍、大根、山葵……」。しかし遠隔地産地の発達は「近郊園芸家の従来得てきた利益を見事に奪い去」るものでもあった(一一五〜一一六頁)。

(5) トピックスとして、いずれも白樺派文人として名高い武者小路実篤と有島武郎の例を示しておきたい。貴族生まれ(武者小路家は子爵、有島家は男爵)の二人であったが、いずれもトルストイに感化を受け、農村問題の現実に深い関心を抱いた。その思いは、武者小路においては一九一八(大正七)年の「新しき村」と命名された「理想郷」の建設(宮崎県児湯郡。後ダム建設にともない埼玉県入間郡に移転、現在に至る)とそれに対する終生の援助となり、有島においては父から相続した北海道虻田郡の狩太農場(四五〇町歩)全体を一九二二(大正十一)年に小作者に無償開放する行為となり、いずれも当時センセーショナルにとりあげられた。

(6) 大門(一九九四)。なお、同じ「向都熱」が農村社会運動を激発させた大正期と、農村の「萎縮」に結果したかにみえる現代との決定的な相違は、「後継ぎ」(必ずしも農業後継者である必要はない)だけは残った/残ることができた時代と、彼らすらも出ざるをえなくなった時代との差である。

(7) 明治末期の西日本では小粒で市場性は低いが多収性のある神力種が首座を占めていたが、地主層の米穀市場に対する関心が増すなかで大粒・硬質で関西において市場評価の高い旭種への関心が高まった(当時の米穀市場は、深川市場＝東日本と堂島市場＝西日本に大きく二分されていた)。旭は西日本では地主側の奨励品種に採用され栽培拡大がすすめられたが、倒伏の危険が高いうえ脱粒性が強いため収穫ロスが大きいという難点があった。小作にとってみれば負担が増えるだけでなく手取りが減るということになる。こうして、品種の選択(神力か旭か)自体が「階級」性をもつことになった。なおとくに近畿の地主層は「旭+ゴムロール式籾摺機」をセットにして奨励し、販売米の格付け向上をすすめたために、生産者の負担をさらに押し上げることになった。ただし、小作・自小作層自身が米販売者として成長してきたところでは、彼ら自身が市場での格付け向上を意図し「旭+ゴムロール式籾摺機」を採用する動きが出てきた。

(8) 滋賀県を例にとると、一九三六(昭和十一)年には奨励金を交付する地主の割合は八三%にのぼり、「旭種ニ対シ一俵ニ付米五合又ハ二〇銭」が支給され、「ロール籾摺小作米ニ対スル特別奨励金穀」は俵当たり「湖北地方一五銭、湖東地方一〇銭、湖南地方二〇銭又ハ五合」が支給されることになった。以上、「小作事情調査」(農地制度資料集成編纂委員会一九七〇)。なお同年における近畿地方の「販売米中生産者米比率」は七五・六%(全国六二・八%)に達しており(日本米穀協会一九三六)、この時点になると(小作も含む)「生産者」が産米改良の主たる受益者になってきている。これもまた紛争の終息=協調体制の成立に寄与したことは間違いないであろう。

(9) むろん地主や国家による弾圧はあったが、それだけではなく、小作運動の目標自体が機会費用的な所得水準の確保という内実をもっていたのであり、そのレベルを超えてすすむモチベーションを欠いていたのであった。

(10) 戸数割の性格を水本(一九九八)にしたがって記せば次のようである。戸数割とは住所地市町村における構戸者を納税義務者として賦課されるものであったが、府県税戸数割規則制定(一九二一年)により独立生計者の規定が追加された(大衆課税の性格強化)。以上の納税義務者基準に基づき、在村地主は納税義務を負うにもかかわらず不在地主は原則としてその義務から免れていたため、不在地主所有地が過半に及ぶような市町村では、不在地主の存在は税収欠陥の大きな要因となった(二九五頁)。

(11) 農地制度資料集成編纂委員会(一九七〇)四八五〜四九一頁。なお「支障ヲ認メサルハ山形、東京ノ両府県ニ過キス」とある。

(12) 戦時農地統制は全国的な統一性に欠けるうえ極めて杜撰なものであり、戦後の統制レベルとは段階的な相違があることについては、坂根(二〇一二)。

(13) 本村は二毛作率九八%の水田一七〇〇反とみかん・茶・桑などの永年作物一〇五〇反からなる(一九三六年)京都市の近郊農村である。詳細は野田(一九八九)。

(14) 明治期農家小組合との対比で大正期農家小組合の特徴を述べた鈴木栄太郎の次のような言葉を、併せて紹介しておきたい。「明治の中葉或ひは其直後の時代に発生したものは、自然村が尚ほ個人主義化合理主義化する事極めて浅く、故におそらく当時に於ける此等の農家小組合は其業務の合理的活動が自然村の伝統的生活規範の為に掣肘される事極めて多く、農家小組合の自主性は極めて薄弱であったであらうと思はれる。農家小組合と云ふ新らしい集団活動形式が新たに発生したと云ふより寧ろ古くからの共同生活の原理がかくの如き集団活動の形態をとったのであ」り、「其後の時代になってから全府県内或ひは全国に勃興した農家小組合と偶々歴史的に結びつき其先駆の様に考へられて居るものと思はれる。それは其後に起こった画一的準則によって指導奨励されたところのそして事業に対しもっと重点を置き且つもっと自主性を持った農家小組合とは其性能に於いて可成り異なって居たものと考へられる」(鈴木一九四二)。大正期に勃興した農家小組合は、伝統的村落の変質/個人主義の洗礼を受けた後に登場した機能集団としての性格を強化した「新組織」であり、それは府県農会レベルのリーダーシップに基づいて組織されていることに端的に表れている、と言うのである。確かに、それは同時に「画一的準則」に基づく指導をもたらすことにもなったが、五〇道府県に分割された「多様な画一性」であるうえ、国法の強制力をもたない「準則」であり、「国家が前面化した」次の時代とは異なる「自主性」がなお重要な意味をもちえた時代であったと言えよう。

(15) 滋賀県農会(一九二三b)。なお滋賀県農事試験場長の藤原綱太郎は、①耕作地集団化、②固定資本節約、③労力節約と余剰労力の有効利用、④主穀農業から耕種副業農業、⑤家族制度尊重のうえに立った合理的経営の五点を、「滋賀県農業改良方針綱領五原則」とよんでいた。

(16) 棚橋(一九五五)は、「明治十七年五月、滋賀県令籠手田安定氏が農事規約を発布して農事実行組合の設置を奨励したのが、農家小組合の先駆であるという記述も見出される」としている(六頁)。

(17) 「農業組合長懇談録」(滋賀県農会一九二三a)。「農業組合現況調査」(大正十四年十月一日現在)(滋賀県農会一九二六)、以下はすべて本資料による。

(18) 以上のような育成方針のもとで、事業開始四年後の一九二五(大正十四)年には二五六組合九三六九人に急増し、以後も顕著な伸びをみせた。すなわち、一九三一(昭和六)年には六五三組合二万五九一三人となり、さらに一九三五(昭和十)年には二一〇一組合八万四七六六人、一九三八(昭和十三)年には二六二八組合(組合員数不明)に達したのである。本県の農業集落数(約一五〇〇)を考えれば、一九三〇年代のはじめにはほぼ農業集落数に達し、戦時体制期にはその一・八倍にも達する農業組合が結成されたことになる。

(19) 一九三二年の産業組合法改正は、農家小組合が法人化(法人化した農家小組合を農事実行組合とよんだ)して産業組合に加入する途を開いた。産業組合からみればムラを協同組合のなかに含んだことになり、農家小組合からみれば戦時統制経済に編成替えされていくなかでその基礎単位に位置づけられていくことであった。この両側面は戦後農業協同組合に継承され、それを独特のものにしたと考えられる。なお、しばしば日本農協の組織率の高さに注目が集まるが、その秘密は(本来参加意思に基づく組織である)協同組合にムラを含み込んだところにある。

(20) とくに昭和に入ってからの滋賀産米の格付け向上は顕著であった。大阪市場についてみると、一九三一年では基準とされた摂津旭・山城旭に比べ石当たり一〇〇銭低かった湖南旭(滋賀県湖南地域の旭米)は一九三七年には二〇銭上回ることとなった(野田一九八九)。

(21) 「地区基準小組合」九種中、一組合当たり組合員数の「最多」「最少」「普通」が判明するのは、農事改良組合・農業基礎団体を除く七種の組合のみである。農林省農務局(一九三一)一八頁。

(22) 「広い意味で産地化」と述べたが、たとえば養蚕組合の実態は特約組合であり、資本との関係(ヘゲモニーのあり方)が問題である。ここではこの点の分析を飛ばしているため「自主性」がやや過大に表現されている。

(23) 菅(一九九〇)巻末資料「山形県水稲民間育種育成種一覧」より算出。

(24) 庄内地区では戦後の一九四八(昭和二十三)年に始まった稲作多収穫競技会が一九八三(昭和五十八)年まで継続され、そこに民間育種家の選抜品種が参加している。多収上位五位までの品種をみると、一九四八年は民間育成品種が四品種＊(＊は第一位をとったことを示す)・翌四九年(同四＊)・五〇年(同四＊)・五一年(同二)・五二年(同一)となる。しばらく姿を消した後、一九八二年には一品種、八三年(同二)・八四年(同一)八五年(同一＊)八六年(同二)・八八年(同一)と再登場し、一九八五年には第一位をとるが、一九八九年以後はササニシキ・キヨニシキに圧倒される。菅(一九九〇)によれば、「……これらの育種家が自分の育成品種を使って多収穫競技会に参加し、官営組織育成による大品種を相手としてそれよりすぐれた成績をあげるということは……すでにササニシキ時代に入っていた時代背景を考えれば、きわめて注目に値する事例であ」った(二七七頁)。

(25) 十分な議論をする準備はないが、私は近現代日本における小農論とムラ論は、マルクスの個体的所有(個とアソシエーション)論の見地から批判・吟味・再評価すべきであると考えている。四〇年以上も前になるが、

"Individualism"を個人主義と訳出したのは間違いであった、と指摘した平田(一九六九)の記憶がなお鮮明である。戦後日本では「個人主義」が社会と自己を解放するキーワードとして受け止められたが、その貧困な帰結がミーイズム・マイホーム主義および無関心(主義)および近年のあらゆる領域での孤立化現象であったようにみえる。平田によれば、"Individualism"とはそのような「共同体を否定して全てを個人に切り替える」ことを意味するものではなく、「共同体と個人との関係=主客の位置を変化させること」要するに「共同体に埋もれた個人」を「個人を支えるための共同」(体)という新しい「個と共同」(集団)の関係をさすものであった。この指摘が正しければ、私たちは「近代化」の意味を完全に取り違えていたことになるが、それとともに、かかる視点から歴史を読み解き直すことも、現実のなかから未来につながる人と社会のあり方を構想することも可能になろう。それは少なくとも、ホモ・エコノミクスで塗りつぶされる人間観よりははるかに好ましく、かつ現実への対応力をもつものであろう。なお、マルクスのアソシエーション論については田畑(一九九四)を参照されたい。

〈引用文献〉


浅沼嘉重(滋賀県農会技師)「組合組織による農業経営」『滋賀県農会報』一一三号、一九一三年。

岩本由輝『村と土地の社会史―若干の事例による通時的考察―』刀水書房、一九八九年。

大門正克『近代日本と農村社会―農民世界の変容と国家―』日本経済評論社、一九九四年。

鎌形勲『山形県稲作史』農林省農業総合研究所、一九五三年。

栗原百寿「労力調整より観たる部落農業団体の分析」帝国農会、一九四一年(なお同書中栗原執筆分が栗原百寿著作集編集委員会編『栗原百寿著作集V 農業団体論』校倉書房、一九七九年に収録。本書で用いたのはこれである)。

同　「香川県農民運動史の構造的研究」一九五五年（栗原百寿著作集編集委員会編『栗原百寿著作集Ⅶ　農民運動史（下）』校倉書房、一九八二年に収録。本書で用いたのはこれである）。

坂根嘉弘『戦間期農地政策史研究』九州大学出版会、一九九〇年。

同　『日本戦時農地政策の研究』成文堂、二〇一二年。

滋賀県農会『滋賀県農会報』一二一号、一九二三年a。

滋賀県農会『滋賀県農会報』一二三号、一九二三年b。

滋賀県農会『滋賀県農会報』一四四号、一九二六年。

佐藤正志『農村組織化と協調組合』御茶の水書房、一九九六年。

庄司俊作『近代日本農村社会の展開』ミネルヴァ書房、一九九一年。

菅洋『庄内における民間育種の研究』農山漁村文化協会、一九九〇年。

鈴木英太郎「部落の構造と部落農業団体の性格」『帝国農会報』一九四一年十一月号。

棚橋初太郎『農家小組合の研究』産業図書株式会社、一九五五年。

田畑稔『マルクスとアソシエーション―マルクス再読の試み―』新泉社、一九九四年。

西田美昭『近代日本農民運動史研究』東京大学出版会、一九九七年。

日本園芸中央会編『日本園芸発達史』朝倉書店、一九四三年。

日本米穀協会「地方産米に関する調査」一九三六年。

沼田誠『家と村の歴史的位相』日本経済評論社、二〇〇一年。

野田公夫『戦間期農業問題の基礎構造―農地改革の史的前提―』文理閣、一九八九年。

農地制度資料集成編纂委員会『農地制度資料集成』第一巻、御茶の水書房、一九七〇年。

同　『農地制度資料集成』第二巻、御茶の水書房、一九六九年。
同　『農地制度資料集成』補巻二、御茶の水書房、一九七三年。
農林省農務局「農家小組合に関する調査」一九三一年、一九三六年。
平田清明『市民社会と社会主義』岩波書店、一九六九年。
樋渡展洋『戦後日本の市場と政治』東京大学出版会、一九九一年。
本間正義『現代日本農業の政策過程』慶応義塾大学出版会、二〇一〇年。
水本忠武『戸数割税の成立と展開』御茶の水書房、一九九八年。
渡辺侒治『農会経営と農業問題』橘書店、一九四一年。

第四章　農地改革の歴史的意味

――戦前から戦後へ

はじめに

第二次世界大戦後は、世界中で土地改革が取り組まれた、まさに「土地改革の時代」であった。それは、世界規模の戦争が、巨大な混乱(経済的には過剰人口の爆発的拡大)をもたらしたからである。日本農地改革はそのなかでも最も成功した事例として知られているが、かかる成果を得た基盤には農法(中耕除草・環境形成型農業地帯)と農村社会(イエ・ムラ)の特質に立脚した、すなわち農業内在的性格に強く支えられた典型的な中進国的変革であったことがある。

具体的には、次の三点について検討を加えたい。

第一は、日本農地改革の類型的性格を「土地改革の時代」のなかに位置づけることである(第一節)。第二次世界大戦後の土地改革は、〈総力戦のもたらした(とりわけ敗戦国における)巨大な混乱に対する対処〉と〈土地所有が政治的・経済的権能を有していた旧時代の解体〉および〈植民地支配からの独立・国民国家の形成〉という側面から強く要請されたものである。したがって、農法基準による飯沼の四類型(第二章)や構造改革基準による四類型(第一章)とはやや異なった類型区分になるが、決して無関係ではなく、それどころか深い関係があることを明らかにしたい。

第二は、農地改革を短期に処理するうえで発揮された「社会」の力に注目することである(第二節)。農地改革はほぼ二年で基本部分を終了した。もちろん無数の紛争がおこったことは間違いないが、これまでは、これらを「農地改革不徹底性」の根拠にする傾向が強かった。そのような視点は「民主主義」

という観点からは依然として不可欠であるが、大局をみるには不適切である。世界の土地改革と比較すると、日本の農地改革実施過程が「唖然とするほど」スムーズであったことを、まずもって確認する必要がある。たとえば、東独土地改革はナチス協力者であるグーツの国外逃亡から始まったし、中国土地改革は「人民裁判」による数万の地主処刑をともなっていた[(1)]。土地改革は、〈土地改革を必要とした諸国・諸地域においては〉その前時代における〈最大の富であるとともに社会的威信の象徴でもあった土地〉を強制的に再分配するものであったから、武力を含む大きな抵抗に直面するのが一般的であり、したがって、このような抵抗に遭遇した側はさらなる武力で粉砕しようとするのも当然であったのである。「唖然とするほど」スムーズに進んだ日本農地改革において「社会」の力が発現する場として市町村農地委員会の果たした役割を重視し、その具体的機能を考察したい。

第三に、にもかかわらず農地委員会システムが解決できなかった二つの問題に注目したい（第三節）。一つは農地改革違憲訴訟の提起であり、二つは都市化にともなう農地転用問題をめぐる紛争である。いずれも「戦前期農業問題の終結点」としての農地改革ではなく、「新しい時代の日本農業を創り出す出発点」としての農地改革を考えるうえで重要な論点を提示していた。これらは大正期農村社会運動が直面したムラもしくは農業内在的な問題ではなく、国家レベル・国民経済レベルの問題であった。明らかに位相を異にした問題状況であり検討すべき内容は多かったと考えられるが、いずれにおいても「現実問題の処理」に終始してしまい、その意味が深められることがなかった。改めてこの問題について考えてみたい。それは、国家・地方自治体・ムラという三者の、新たな関係を要請していたはずである。

一　日本農地改革の概要

1　農地改革の実績

農地改革の主軸は、①一定基準のもとに小作農地を自作農地に強制的に改変したことであるが、②自作農地であっても、都府県平均三町歩を上回る「不適正」経営は買収の対象となった。また、表4－1に示されるように、開放面積でみれば農地は五割強にすぎず、③未墾地が三割五分、④牧野が一割強にも達していること、その他に⑤一億坪近い宅地と四万棟を超える水路・農道・溜池・防風林さらには水利権などの開放(「施設買収」と総称された)もあったことはやや意外でもあろう。②～④は、地元の要請に基づきその必要が認められたものが買収の対象となった(客観的基準に基づき強制的に実施された小作農地買収＝「当然買収」に対し「認定買収」とよばれた)。

小作農地の強制買収である①の対象は、「不在地主所有の全小作地と在村地主所有の都府県平均一町歩を超える小作地」であるが、実際には土地所有状況を勘案して都道府県ごとに決められ、最小は広島県の五反歩から最大は青森一・五町歩までの幅があった(北海道は別枠で四町歩)。同様に②の自作地保有限度も都府県平均三町歩以上が一つの目処ではあったが、最小の広島一・八町歩から最大の青森四・五町歩までの開きがあった(同様に北海道は一二町歩)。そして、各都府県はさらに内部を状況の違いに応

表 4-1　農地改革による土地開放実績（1946～50 年度の集計）　（単位＝%）

	合計	買収	うちわけ 所管替・所属替 合計	財産税物納	旧軍用地	国有林野	その他
農地	54.2 (100.0)	64.5 (90.6)	21.4 (9.4)	100.0 (8.9)	0.0 (0.0)	– (–)	– (–)
牧野	10.8 (100.0)	13.5 (94.8)	2.4 (5.2)	– (–)	– (–)	– (–)	– (–)
未墾地	35.0 (100.0)	22.0 (47.9)	76.3 (52.1)	– (–)	100.0 (15.6)	100.0 (17.6)	100.0 (18.7)
合計	100.0 (100.0)	100.0 (76.1)	100.0 (23.9)	100.0 (4.8)	100.0 (5.5)	100.0 (6.2)	100.0 (7.4)

注）農地改革資料集成（1980）726 頁「2 農地改革実績年度表」より作成。

じて二地区（一部はそれ以上）に分けていたから、実際のばらつきはさらに大きなものとなった。[2] それは、地域差をできるだけ織り込んだきめ細かな配慮をしたということであり、短時日にこのような対処が可能であったのはすでに戦時農政において地域農業把握の蓄積があったからである。

2　中農の重視

注目すべきは、受益者（売渡し対象者）の多くが中農層であったことである。表4－2からわかるように、最大の受益階層は一～二町歩経営層（当時の中農層である）であり全体の三八・三％を占め、同規模以上各層を合計すると実に七二・七％に達する。他方貧農的色彩が強い五反未満層についてみると、開放小作地面積はわずか五・四％にすぎないうえ、小作地開放率（同層が耕作していた小作地のうち開放を受けたものの比率）もまた際立って低い（全層平均の六割未満）。一律的・強制的に行なわれたはずの小作地開放率にこれだけ大きな差ができた最大の原因は、都府県平均で経営規模二反未満最下層が改革対象から除外されたことにある。

表 4-2　階層別小作地比率と開放率　（単位＝％）

経営規模	小作地面積比率 1938 年	1950 年	①	②
5 反未満	52.1	22.2	5.4	58.0
5 反以上～1 町未満	50.8	14.0	**21.9**	32.8
1～2 町	44.9	9.4	**38.3**	21.9
2～3 町	40.0	6.7	13.2	**16.4**
3～5 町	42.8	6.7	8.5	**16.3**
5 町以上	42.5	5.8	12.7	19.5
合計	45.7	10.7	100.0	26.5

注）農林省「我が国農家の統計的分析」1938 年，同「第 26 次農林省統計の概要」1950 年より作成。
①は開放小作地の階層別面積分布。
②は階層別小作地残存率。
なお，便宜的に 1938 年と 1950 年の小作地面積の差を農地改革による開放（自作地化）面積として計算した。

上述の「認定買収」についても「当事者の申請に基づき、生産力的に有意義だと判断されたもの」についてのみ実施されたことにも注目したい。「農地改革は地主制の解体には貢献したが生産力的・経営的効果は乏しく、むしろ逆効果ですらあった」と言われることがしばしばある。もちろん農業労働力不足が最大の問題であった戦時体制とは異なり、戦後に直面したのは膨大な過剰人口の農村還流という事態であったため、経営構造の改革は独自の論点にならず「小土地所有の散布」による過剰圧力の吸収（社会安定）に圧倒的な関心が傾けられた（生産力政策から社会政策への軸心移行）。しかし、後述するように、世界的にみた場合、かかる政治的・社会的要請（農村民主化）とともに生産力的・経営的視点を結合しようとした（少なくとも決定的に排除されなかった）ことにこそ、日本農地改革の「例外的」とも言える特徴があった。

3　インフレーションの帰結

農地改革は二年で主要部分を終了し、その結果田畑小作地率は四五・九％から九・九％に減じ、地主制は解体され自作農制に置き換えられた。なお、先の表4－1に示されるように、買収のほかに財産税の物納（特例として認められた）によるもの、および旧軍用地や国有林などの所管替・所属替によるものがあり、開放全面積の約二割四分を占めた。

日本農地改革が「徹底した」とされるのは、以上のような膨大な買収・売渡しをほぼ二年で成し遂げてしまったからであるが、さらにインフレの進行にかかわらず当初の価格水準のまま改革を続行したことが大きい。農地買収価格は自作収益還元価格（水田は賃貸価格の四〇倍、畑地は同四八倍）を基準にして算定されたが、インフレ亢進のもとで「田一反米一升」と言われるほどにまで暴落してしまったのである。興味深いのは、このような事態をジャスティス（justice 公正性）という観点から重くみたアメリカ占領軍が再計算の必要を主張したのに対し、改革遂行上の混乱を避けるという観点から日本政府がそれを受け入れなかったことである。アメリカ占領軍は、日本政府が立てた農地改革の当初構想（第一次農地改革）が不徹底であると批判して第二次農地改革に置き換えたのだが、ここでは逆に、農地改革実施過程に混乱が生じることを懸念した日本政府がアメリカの提案を拒否したために、「意図せざる」徹底性が生み出されたのであった(3)。

4　前史との脈絡――第一次農地改革から第二次農地改革へ

農地改革は日本が独自に提起した唯一の戦後改革であった（第一次農地改革とよばれる）。日本政府が自前で用意した改革案は一九四五年十二月に第八九帝国議会衆議院本会議に上程され可決され、翌年一部が実施に移されていたのである。この事実は重要である。農地改革の歴史的背景・根拠の分厚い存在を示しているからであり、また、第一次および第二次農地改革の論理の違いを追うことにより、両者〈戦前史の延長と戦後の断絶性〉の歴史的意味を考えることができるからである。

両農地改革の決定的な相違は、〈農地委員会の申請による地方長官の譲渡命令から〉〈客観的基準に基づく国家的強制力〉に、〈五年という長期ではなく〉〈二年で完遂する〉ものに置き換わったことであるが、その他、本書の行論に必要なものについて記せば、次のようである。①小作地買収基準：在村地主の所有小作地限度が都府県平均で五町歩から一町歩に切り下がった。②売渡し対象：都府県平均で二反歩以上の経営規模をもつ農家に限定された。③農地委員会構成：地主・自作・小作各五人と地方長官選任三人〈計一八人〉から地主三・自作二・小作五〈計一〇人〉になった。④不在地主規定：隣接市町村居住者も在村地主扱いであったが当該市町村に居住しない者はすべて不在地主とみなされた。⑤自作地上限規定：都府県平均で三町歩を超えるもののうち「耕作の業務が適正でないもの」は買収対象となった。⑥遡及買収の新設：農地改革は一九四五年十一月二十三日時点の状況に即して実施されることとなり、同日以後に小作地引上げや売買があった場合、遡及して買収されることになった。

この結果、①④により小作地開放率は飛躍的に増し、③④⑥により地主層が抵抗する余地が大幅に狭められた。また①②⑤は、両改革の生産力・経営視点のあり方の差が示されている。第一次農地改革が在村地主に五町歩の小作地保有を認めた理由の一端には、将来小作地の引上げを通じて中核的な農業経営者にするという展望が含み込まれていた。第二次農地改革はこの途〈地主富農化〉を断ち、自小作の中農的階層にそのメリットを集中させたのである。②は、農業問題として処理すべき範囲の限定である。経営規模三反歩未満の零細農の生活は、基本的には農外産業へのアクセスを通じて支えられるべきものと位置づけられたと言えよう。とはいえ、経済復興がなった時点ならばともかく、敗戦期において改革対象から排除されたことの社会的意味は大きい。民主主義の観点からすれば、本来は別途の対応がなされるべき問題であった。

第一次農地改革は、不在地主を解体することにより在村耕作地主をリーダーとする耕作者中心の農業・農村体制を生み出そうとしたものであり、戦時農政の延長上にありその極点に位置するものと位置づけられる。それに対し第二次農地改革は、地主制の解体(農村民主化)という側面を決定的に重視することにより在村耕作地主中心の再編コースを否定したものと言えよう。その結果、経営的成長が顕著であった自小作中農層を最大の受益者にしたのであり、農村民主化(政治)の要請と新しい経営担当層の創出・強化とがなんとか両立しえた、世界的にみて稀有な例となったのである。

二　世界のなかの日本農地改革

1　第二次世界大戦後土地改革の諸類型

大土地所有制の変革には、(土地国有化を別にすれば)論理的には次の二つの形態がありうる。①大土地所有自体の近代化（利潤を制約しない地代の社会的形成）と②大土地所有の分割（小作農の自作農化、農業労働者の農民化）である。しかし第二次大戦後の混乱に際して選択可能であったのは、長期（社会制度としての定着化）を要する前者（地主制近代化）ではなく、ただちに確固たる効果をもたらしうる後者、すなわち土地所有の分割・移転であった。破壊されつくした状況下では、「土地」こそが本源的な「資源」であったし、緊急を要する食料危機に対しては「国民皆農」[4]が最も確実な対処策であった。しかも、大土地所有は決別すべき旧体制（多くの人々が抑圧を受けていた）のシンボルであり、その解体が新しい社会の正当性を象徴するものでもあったからである。

実際に土地改革を遂行しえたのは、改革への強固な意志をもつ権力が形成された次の三つであった。①ソ連占領下で社会主義化政策として実施された東欧諸国、②アメリカ占領下で近代化政策として実施された東北アジア諸国・地域（日本と旧日本植民地である韓国・台湾）、および③自力で人民民主主義革命を遂行した中国である。いずれも、敗戦国とその支配下にあった地域であり、戦争のもたらした社会経済的困難を引き受けるうえで農業・農村が重視され、冷戦の緊張感（中国の場合はとりわけ朝鮮戦争／韓国の場合も実施過程は朝鮮戦争に重なる）に支えられた強力なヘゲモニーのもとで実施された点で共通している。表4－3に基づいて、三地域における土地改革の特徴をまとめれば次のようである。

〈東北アジア型類型〉 ここでの受益者（土地取得者）の圧倒的部分は、それまで地主所有地を耕作していた小作農である。小作農が、これまで自らが耕していた小作地の所有権を獲得した（小作地の自作地化／小作農の自作農化）のである。これは、本地域の大土地所有制が地主・小作関係をとっていたこと

表 4-3　三類型における受益者（土地売渡し対象）の階層比較　（単位＝%）

	土地売渡し対象（人数比率）				
	小作農	零細農	農業労働者	その他	合計
東北アジア型					
日本	**100.0**	—	—	—	100.0
韓国	**93.1**	4.5	2.2	0.2	100.0
台湾	**95.2**	—	4.8	—	100.0
中国型					
中国	26.2	**36.2**	11.5	**26.0** （町の貧民 11.7）	100.0
東欧型					
東ドイツ	7.7	21.8	**21.4**	**49.1** （移住者・難民 16.3） （非農業労働者 32.8）	100.0

注）日本：都府県平均 3 反未満を売渡し対象から除外しているので「零細農」はなしとした。

韓国：「韓国農村経済研究所資料」(1984) より作成。本資料については蘇準列全北大学教授のご教示を受けた。同資料の階層区分は (a)「既耕地の耕作農家」93.1%，(b)「過小農」4.5%，(c)「農業経営の経験をもつ殉国烈士遺家族」0.1%，(d)「営農力をもつ農業労働者」2.2%，(e)「海外からの帰還農家」0.1%であり，本表の「小作農」には(a),「零細農」には(b)，「農業労働者」には(d)，「その他」には(c)(e)を入れている。

台湾：大和田(1963) 372 頁より。ここでは「小作農」と「農業労働者」の二分類のみであり，そのまま本表の数値にした。

中国：頼涪林(1994) より。全国一本の数値がみあたらず，同論文における四川省合興郷の数値を便宜的に借用した。なお本データの出所は『四川省農業合作経済史料』四川省科学技術出版社。同史料の階層区分は，(a)「地主」4.2%，(b)「小作富農」1.2%，(c)「中農」1.4%，(d)「小作中農」25.0%，(e)「貧農」36.2%，(f)「雇農」11.5%，(g)「その他」8.7%，(h)「町の貧民」11.7%であり，本表の「小作農」には(b)(d)，「零細農」には(e)，「農業労働者」には(f)，「その他」には(a)(c)(g)(h)を含めた。

東ドイツ：クレスマン(1995) 95〜96 頁より作成。ここでは，(a)「農業労働者」21.4%，(b)「移住者・農民」16.3%，(c)「零細農民」14.7%，(d)「小作農」7.7%，(e)「職員他の非農業労働者」32.8%，(f)「旧農民への森林分与」7.1%と分類されている。本表の「小作農」には(d)，「零細農」には(c)(f)，「農業労働者」には(a)，「その他」には(b)(e)を割り振っている。

の反映であるが、その結果、土地改革は農業経営の連続と強化に脈絡しえた。これが、この地域の農地改革の重要なポイントである。旧来の耕作主体である小作経営を高額小作料負担と耕作権不安の解消を通じて強化したところに意義の中心があった。ただしこれは、自作化という手法が小経営の連続的強化につながる形式的可能性をもつということにすぎない。実際に、生み出された自作農が経営の強化発展という実質をもちえるかどうかは、農産物価格水準や土地改良等の技術的サポート程度および税制や土地制度などの総合、すなわち国民経済・社会における農業問題のウエイトと農業サイドのヘゲモニーのありようによって決まるものだからである。

〈東欧型類型〉 東欧型類型の受益者(土地取得者)で際立つのは農業労働者と難民である。[5] これは、この地の大土地所有は、東北アジアのように小作農に経営を委ねるのではなく自らが大農業経営者として君臨していたこと、およびドイツ帝国の敗北が東部地域において大量の難民を発生させ還流してきたことの反映である。旧東ドイツでは地主的大農業経営が解体され、旧グーツの農業労働者や大量に移住してきた難民たちに土地所有権と農業資本が分割された(「新農民」の創出)。しかし、土地や肥料はともかく、大型機械や大型畜舎などの大経営適合的な生産手段は分割できず、土地・資本・労働の新たな結合関係が模索されざるをえなかった。また、農業難民の場合は農業経営者としての経験があったが、部分作業の担当者にすぎない労働者の場合は、経営能力において大きな断絶があったうえ、社会的な疎外も強く受ける存在であったという別途の困難を抱えていた。一九五二年「農業集団化宣言」による集団化政策の登場は、社会主義思想(社会主義化の要請)と冷戦の産物であるとともに、このような現実が要請するものでもあったのである。ここでも実際には、東欧圏全体が集団化に向かったわけではない（たとえばポーランド）し、集団化政策がとられた国においてもすべてが集団に覆いつくされたわけでもない。しかしここでは問題を単純化するために、他とは異なる東欧型土地改革類型の特質のコアを「大所有＝大経営の解体による新農民の創出とその再組織化」に見出しておきたい。(6)

〈中国型類型〉　中国型土地改革における受益者（土地取得者）は、両地域の言わば中間的性格を示す。小作農のウエイトは無視できないが、同時に過小農（零細農・貧農）への対処に中心が置かれ、さらに「町の（すなわち農外の）貧民」や「農業労働者」（原文では雇農）も無視できないウエイトをもっていたのである。過小農（零細で貧しい農家）、雇農（隷属性の強い被雇用者）・町の貧民などはいずれも「過剰人口」の具体的存在形態であり、「過剰人口問題＝貧民問題」のウエイトの高さこそが中国土地改革を特色づけるものだと言えよう。(7)この点で土地改革は、東欧諸国に比べればはるかに緩和されたかたちではあるが、農業経営組織上の断絶をもたらしたのである。土地改革終了後ただちに、農業経営組織の再構成が必要とされることになったのは当然であった。(8)

2　東北アジア型土地改革（日本・韓国・台湾）の相互比較

上述のように、日本農地改革に言わば想定外の徹底性をもたらしたのはインフレーションであったが、同じインフレーション（貨幣価値の減価）が韓国と台湾の農地改革には全く異なった影響を及ぼした。それは、買収・売渡しの方法が違っていたためである。

日本では買収・売渡しのいずれも、貨幣価値が大きく減価したにもかかわらず当初決定された金額（買収は金額表示の土地証券）で決済されたため農地価格の実質的な大幅低下（小作の利益・地主の不利益）に帰結したが、韓国・台湾では、農民は土地代金を現物で支払う方法をとったため、農民にとっての負担はインフレによる貨幣価値減価の作用を受けず変わらなかった。韓国や台湾でこのような方法がとられたのは、自給的性格が強い農民に対し貨幣での支払いを要求することは過大な負担をかけることになるうえ、経済が不安定な状況下ではかかる困難が一層増幅するであろうことへの配慮であったと考えられるが(9)、折からのインフレーションにおいては逆に農民への不利に働いたのである。

他方、国家から地主に対する支払いは、韓国では土地証券（日本と同じである）、台湾では土地証券と公営企業の株券（いずれも一定の＝固定した金額で表示されている）に表示された金額が貨幣で支払われたため、インフレ（貨幣価値の減価）の進展に比例して地主は大きな被害を被ることになった。地主に一方的な犠牲を強いたことは日本と同様であるが、決定的に異なるのは、そのメリット（インフレ差益）を国家が独占したことである。一般に、土地改革の実施にとって最大の障害となるのは財源の不足である。国家財政（土地買収ファンド）の欠乏が後発国で容易に農地改革が実現できない客観的な条件となっているのだが、韓国も台湾もインフレ効果を国家が巧みに吸収することによりその難問を一気に解決したと言えよう。

韓国農地改革は、アメリカ軍政部が一九四八年三月に旧日本人帰属農地を開放（第一次農地改革）し、翌四九年に至り韓国政府により朝鮮人地主所有地も含む土地改革が実施される（第二次農地改革）という二段階で行なわれた。占領軍の指示以前に日本政府が自前の農地改革(第一次農地改革)に踏み切ったにもかかわらず、それを「不十分」として認めず第二次農地改革への移行を強要したアメリカ占領軍という日本農地改革におけるヘゲモニーのあり方とは、言わば正反対であったところが注目される(韓国農地改革における内在的ベクトルの乏しさ)。しかも、蘇(一九九八)によれば、そこで発揮されたアメリカ占領軍のヘゲモニーの内実にも大きな差異があった。「日本においては農地改革は反共政策としてよりも、むしろ非軍事化、民主化の手段(これも占領政策という観点からではあった)として行なわれたが、韓国においては、アメリカ軍政府は解放者と占領軍という両側面を持ちつつも、なにより反共政策の一環として強く位置づけられた」のである。

金(一九九四)によれば、上述の納付・支払形態のからくりを利用して、韓国政府は必要財政規模の「倍ちかく」の収入を得、その後の農業投資の財源にもそれを充てることができた。また、「実勢地価が大幅に下落したにもかかわらず日本人帰属施設の買い受け代金として『土地証券』を額面価格通りに通用させた」ことが「実勢価格のほぼ四分の一」での資本調達を可能にした。金(一九九四)によれば、韓国農地改革の基本的意義は「自作農と同時に民族資本を生み出した」ところにあったというのである。なお、これに対して蘇(一九九八)は、これは重要な指摘ではあるが過大評価であり、韓国資本主義形成については一九五〇年代におけるアメリカの援助をより重視すべきであると批判している。おそらくはそうであろう。いずれにしても、「程度の問題」としてはなお議論が必要であるが、農業内的効果が決定的な日本農地改革とは大きな差異をもっていたことは間違いないと考えられる。他方、台湾では地主への支払いに公営企業株券（全体の三割）が充てられたが、その実態は、「民間払い下げという名の下で、公営企業の資産を過大評価し、強制的に地主への補償価格の一部として売り渡した」ものであり、国家財政を補塡するとともに、産業資本を生み出す役割を果たしたと言う（羅一九九四）。「全体の三割」という限界はあるにせよ、ここでも農地改革は、脱植民地期の「民族資本」創出に寄与したのであった。

3 日本農地改革の特異性

やや極端な言い方をすれば、土地改革を農業改革として把握できるのは日本農地改革だけである。新しい経営実態がないまま旧来の経営システムを解体した東欧諸国はむろん、貧民一般に対象を広げた中国土地改革も、農業ファンドを使った（したがって、農業的合理性を犠牲にした）社会破綻への対処策といったほうが実態に近い。形式的には小農強化策と言える韓国・台湾も、農地改革にかけた期待の大きな部分が「資本創出」にあったのである。そのこと（日本農地改革の農民的性格）は、次のようにも言いうる。日本農地改革は、戦前来の小農運動が積み上げて到達した、例外的かつ貴重な歴史的結論であった。しかし（それゆえに）、それを新たな農村・農業づくりの突破口にするためには、農地改革主体（日本的小農）と日本農地問題の特質を真正面からとらえ（小農は過渡的存在だと言うマルクス主義でもなく、抽象的市場主義を振り回す近代主義でもなく）、その力を開花させるという視野に裏づけられた議論が不可欠であった、と。

三　農地委員会の問題処理能力

農地改革がスムーズに遂行されたのは市町村に設置された農地委員会の力によるところが大きい。戦前期に積み上げられてきた農村社会運動の延長上にあるとはいえ、ムラ＝農業内在的な運動であった戦前期のそれとは異なり、不在地主のみならず在村地主にも極めて厳しい犠牲を強いる農地改革はムラ外在的な大変革であった。本節で注目したいのは、これまでとは性格を異にするこの大変革に農村社会はいかに対応したのか、である。

1　農地委員会の性格と機能

〈範囲と構成〉　農村レベルで改革を担ったのは市町村農地委員会であり、階層別選挙で選任される地主三・自作二・小作五の委員で構成された(他に定員外として中立委員を選ぶことができた)。委員会は平均すれば月に一回ほどのペースで開催され、買収・売渡し計画の立案・確定と異議申立の処理を行なった。膨大な実務をこなすために専任書記と部落補助員が置かれた。農地委員会が円滑に運営されるためには、何よりも膨大な実務が確実に処理されなければならない。この大役を担ったのが専任書記であった(10)。全国平均で実に二〇・一％が「疎開引揚復員者達」であり(11)、その経歴からみても農村を越えた広い視野のもち主であった。彼らは実務をこなすとともに、その多くが農地改革の理念に共感する「進歩的な希望に燃えた青年」であり「法令や実務の研究会や各委員間の連絡会等が自発的に開かれるようになり……昭和二十二年十二月には農地委員会職員労働組合全国連合会を結成」するに至った。「書記が時代の新たな知識的資格を必要とする部面で役立ったとするならば、部落補助員は寧ろ農村の古い伝統的機能を調整し、利用する部面で欠くことのできない役割をもった」ものであった。「履歴からみても書記には引揚者や帰農者などの青年が多かったが、部落補助員には村にあって農業を護り続けた壮年が多かった。かかる部落補助員の機能は進歩と保守の両面に作用した。改革事業の基礎となる綿密な調査に協力し、事ある毎に隣人の立場を公平に観察して委員会の判断を誤らせなかったのは、かゝる補助員達」(農地改革記録委員会一九五一。以下記録委員会と略記)であった。

〈四つのベクトル〉　こうして、市町村農地委員会には性格を異にするいくつかのベクトルが交差することになった。①専任書記を媒介にした「中央農地委員会(政府)—市町村農地委員会」ライン、②指導と訴願上程の相互関係を軸とする「都道府県農地委員会—市町村農地委員会」ライン、③実施計画の樹立・遂行の責任単位とムラレベルでの現実的な問題調整との支えあいを軸とする「市町村農地委員会(農地委員)—部落(部落補助員)」ライン、および④階層利害を反映する「地主層(地主委員)—小作層(小作委員)」ラインなどであった。農地委員会の外部の諸運動と連絡がある場合には、それを結ぶベクトルがさらに追加される。たとえば、農民運動と小作農および小作委員、地主運動と地主および地主委員、農地委員会職員労組と専任書記などである。これらのベクトルを束ね、農地委員会の運営を梶とる位置にあったのが、農地委員会長でありそれを主に実務の側から補佐する専任書記であったと言えよう。

農地委員会長は委員の互選で選出される。どの階層から選ばれるかは当該農地委員会の対処姿勢を左右する重大問題であったことは間違いないが、上述のように農地委員会には多様な力学が影響を及ぼしていたのであり、世界的にみれば、はるかに順法的な枠組みのなかで改革が遂行されたのであった。

2 異議・訴願・訴訟

〈異議と訴願〉 市町村農地委員会の中心的な機能は、買収・売渡し計画を樹立することである。計画の樹立までに、膨大な一筆調査(田畑を一筆ごとに面積・所有者・耕作者を確定すること)を実施し、必要ならば関係者と調整し、そのうえで計画案を樹立する。このようにしてとりまとめられた計画案は農地委員会で承認されれば関係者の縦覧に供される。関係者(当該地主・小作人)は、不服がある場合には「異議」を申し立てることができるのである。したがって、寄せられた異議を吟味し当事者の納得を得られるような解決策を見出すことが、市町村農地委員会の大きな仕事であり苦労になった。部落レベルでの部落補助員の力を借りた調整のすすみ具合と、中央農地委員会から流されてくる農地改革理念とを両にらみしつつ、市町村農地委員会は決断を求められる。場合によっては、農地委員会は深刻な対立の場となり、委員の辞職やリコールなどという事態も引きおこされたのであった。

市町村農地委員会の決定に承服できない場合には都道府県農地委員会に訴願を提起する途が開かれていた。そして、そこでも納得できる結論が得られなければ裁判に訴えることになる(訴訟)。一九四七〜四九年の実績は、全国総計で異議約九万四〇〇〇件・訴願約二万五〇〇〇件・訴訟約四〇〇〇件であった。異議件数は買収関係のみで売渡し関係が含まれていないので、便宜上訴願に占める「売渡し」関係件数比率が一一・一％であったことを勘案してその分を付加すれば約一〇万四〇〇〇件となる。これを使って、訴願化率（異議のうち訴願に持ち込まれた件数比率）・訴訟化率（訴願のうち訴訟に持ち込まれた件数比率）を算出すると次のようになる。「訴願化率」すなわち市町村農地委員会において処理できなかった異議比率は約二四％、「訴訟化率」すなわち都道府県農地委員会において処理できなかった件数比率は約一六％であった。なお訴訟化率を異議に対して算出すると四％弱となる。

〈調整効果〉　以上より、市町村農地委員会は異議として申し立てられたもののほぼ四分の三を自前で解決し、都道府県農地委員会は訴願として持ち込まれたもののうち約六分の五を自前で処理しえたと言える。確かに訴願の一六％、異議の三・八％は農地委員会制度のなかでは処理できず司法の場に持ち出されたが、全体としては農地委員会の処理能力の高さに注目すべきであろう。そもそも、買収・売渡しに際しては、事前に関係農地等の一筆調査がなされ実態が把握された後、とくに問題化しそうな場合には関係地主・小作人との調整もなされることにより計画が樹立されたのであり、異議申立て自体が調整不調の結果だという側面があった。全国の市町村農地委員会総数は約一万九〇〇〇（記録委員会一九五一、一九三頁）であるため、平均異議申立件数は一委員会当たり約八・六となる。ちなみに、農地買収にかかわる異議申立ては、論理的には買収農地すべてでおこる可能性がある。この意味で買収農地全筆数三二〇〇万（記録委員会一九五一、一九三頁）に対する申立て異議数の比率を算出すれば、〇・二九％となる。「一〇〇〇筆のうち三筆未満」という数字は、諸問題の大部分が農地委員会に買収計画が提出される以前にすでに調整され「合意」をみていたことを示している。いずれにしても、市町村規模(平均開放農地筆数約三〇〇〇)の農地改革がわずか九件未満の異議申立てですんだこと自体が驚くべきことであった。農地委員会の処理能力は驚異的に高く、紛争化はほぼ阻止されたと言ってよいのである。

〈訴訟〉 訴訟は都道府県農地委員会でも処理できなかった深刻な対立であり、最も強力な地主的抵抗である。一九四七年五月に最初の一件が発生して以後とくに農地買収が本格化した同年十二月の第二回買収実施を契機に激増し、一九四九年九月までは毎月一〇〇件を上回る状態になった。訴訟には、異議・訴願に比べてはるかに明瞭な「地域と課題の対応関係」がみられ、各々の地域にとって最も切実な問題が訴訟にまで至る強力な抵抗運動となったと言えよう。訴訟を大きく地域別にくくれば、「東日本における違憲訴訟と牧野関係訴訟」「西日本における農地買収・認定買収関係訴訟および小作関係訴訟」と集約できるが、現代に連なる問題としてとくに注目したいのは、前者における農地改革違憲訴訟と後者(とくに大阪)における農地転用訴訟である。後者は都市化を反映した地域性であり、前者は地主的伝統の強さを反映した地域性とでも言えようか。次節四でその内容をみてみたい。

3 小作地引上げ問題

異議・訴願・訴訟は、農地委員会が樹立した買収・売渡し計画に対する不満・反対であったが、むしろ買収計画の前提を崩す動きとして地主層による「小作地引上げ」があり、大きな社会問題になったので、この問題についてふれておきたい。小作地引上げは敗戦とともに頻発しており、把握されたものだ

表 4-4　小作地引上げの諸特徴

（イ）申請件数の農区別分布と密度

農区	北海道	東北	関東	北陸	東山	東海	近畿	中国	四国	九州	全国
比率(%)	1.1	8.9	10.8	4.5	8.2	8.2	3.8	**27.6**	6.1	**20.9**	100.0
密度	6.4	50.0	59.7	50.0	**154.7**	**157.7**	63.3	**424.6**	**152.5**	**180.2**	100.0

（ロ）事由別引上げ申請件数比率と許可率　　（単位＝%）

	不耕作者の帰農			経営拡大			土地交換	使用目的変更	一時賃貸解消	小作信義違反	他	計
	引き揚げ	失業戦災	不耕作地主	耕地過少	労力増加	他						
比率	5.0	4.7	5.7	**12.0**	**13.3**	6.1	6.3	2.7	**27.3**	2.0	14.9	100.0
許可率	51.3	46.9	36.3	41.4	42.3	36.5	42.9	**66.8**	**72.0**	37.7	46.4	51.3

（ハ）経営規模別引上げ件数と引上げ許可率　　（単位＝%）

		不耕作	2反未	2～5反未	5～10反未	10～15反未	15～20反未	20～30反未	30反以上	計
地主	申請件数	5.9	14.7	**28.8**	**30.2**	13.0	5.0	1.8	0.6	100.0
	許可率	41.9	50.1	**57.3**	**55.8**	48.4	44.3	43.1	45.2	52.8
小作	申請件数	−	8.9	**23.0**	**38.1**	**19.4**	7.4	2.3	1.0	100.0
	許可率	−	45.3	49.8	54.6	**60.4**	**61.2**	**58.9**	**60.2**	54.5

注）農地改革記録委員会編(1951)750頁第80表，改革資料(1980)「8 − D. 申請理由別件数(1)(2)」より作成。表(イ)の「密度」とは，各農区の〈引上げ件数比率÷開放小作地面積比率〉。開放面積に対する引上げ件数のウエイトを示す。

けで約二五万件、実数は五〇万件に達するのではないかと推測されている。その性格も、農地改革下でリニューアルされた農地委員会によって処理されるようになった後とそれ以前、さらには農地改革終了後とでは相当異なると考えられる[12]が、ここでは資料的な制約から農地改革期のみを扱うことにする。

〈地域分布〉 農地改革期の小作地引上げは西日本を中心とした現象であり、表4-4(イ)から申請件数比率を農区別に比較すると、中国(申請件数比率二七・六%)・九州(同二〇・九%)への集中が顕著である。ただ農区の広さには大きな差があるので、その相対的比重(便宜的に「密度」とよぶ)を比較すると、北陸以東はすべて六〇未満すなわち全国平均の六割未満の発生率（北海道は六・四）にすぎず、他方東山以西の西日本では近畿を除きすべて一五〇すなわち全国平均の一・五倍を超えており、小作地引上げが圧倒的に西日本的現象であったことが再確認される。なかでも中国農区の数値（四二四・六）が驚異的である。[13]

〈事由別・許可率別分布〉　まず事由別申請件数をみると、「その他・不明」を別にすれば、①「一時賃貸事由の解消」（二七・三％）、②「労力増加のための規模拡大」（一三・三％）、③「耕地過少ゆえの規模拡大」（一二・〇％）が上位三事由であり、この三つで五割を超える。①が多いのは、戦時・戦後の混乱（労働力の変動に対する対応）が伝統的地主小作関係とは全く異なる、臨時的な借地関係を多量に生んだからである。③も、敗戦により収入の途を断たれた家が多いのであろう。他方②の多くは、同じ敗戦が働き場所（軍も含む）を奪い失業者となって帰宅したケースであろう。

事由別許可率をみると、①「一時賃貸事由の解消」（七二・〇％）、②「使用目的の変更」（六六・八％）、③「引き揚げ者の帰農」（五一・三％）が五割を超える。他方、厳しい判断が下されているのが、④「不耕作地主の帰農」（三六・三％）、⑤「その他の規模拡大」（三六・五％）、⑥「小作人の信義違反」（三七・七％）などである。①（そして②）の許可率が高いのは戦時の強制した特殊事情が斟酌されたためであろう。「労力の増加」でも「生活難」でもない「規模拡大」である⑤と、地主のもつ権力性を感じさせる⑥に対し厳しい判断が示されているのは当然であると言えよう。興味深いのは、同じ「帰農」であっても⑦「引き揚げ者」と⑧「失業・戦災者」および④「不耕作者」では、対応が異なることである。一番厳しいのは④であり、もともと脱農していた地主（不耕作地主）に対しては許可率は最も低かった（三六・三％）が、戦争被害を勘案されたであろう⑧では一〇％程度上がり、より失うものが多かった⑦では五割を超えた。

〈改革期小作地引上げの性格〉

小作地引上げを要求する主な理由は、戦時・戦後のもたらした「臨時的な土地貸借の解消」や「失業や労働力帰還にともなう農業経営拡大要求」および「引き揚げ・失業などにともなう帰農要求」であった。農地委員会は、総じて「時代の齎した不可抗力」に対し配慮をみせ、逆に伝統的・地主的な主張に対しては厳しい判断を示した。現実と理念の厳しい板ばさみのなかで、「大局的にみれば妥当」な処理をしたと言えよう。このような性格をもつ小作地引上げが西日本とりわけ中国と九州に集中したのは、戦争と敗戦による農村変容(混乱)がこれらの地域において激しかったからであろう。中国・九州はいずれも朝鮮半島および大陸への進出基地であった。さらに、中国地域は農業が零細でありながら市場経済の影響を深く受けていたことが、九州地域は地理的条件からより直截な進出基地であるうえ北九州工業地帯拡大の影響も大きかったことが、当該期の農村変貌(かく乱)をより大きなものにしたと思われる(14)。

小作地引上げの担い手は大地主ではない。大部分は敗戦下で困窮した小地主層と一時的な農地貸出しを余儀なくされた旧自作農層の対応であった。小作地引上げを申請した地主層の経営規模は五反未満が四九・四％、一町未満が七九・六％、引上げ対象小作農の経営規模は同じく三一・九％、七〇・〇％であった。互いにそのほとんどが当時の平均経営規模に満たない零細経営同士の争いであったのである。もっとも、比重は小さいにせよ「小作農の信義違反」「優良土地の確保」などという地主的権力の直截な発動といってもよい事由もあったし、そもそも、引上げ要求ができること自体が土地所有権をもつものの強みであったことを忘れてはならない。農地委員会がくだした許可率が、引上げ地主においては零細経営層に高く、引上げ対象小作においては零細経営層に低い傾向をとったのは、農地委員会の一つの判断(調整姿勢)を示すものであったと言えよう。[15]

四　二つの訴訟事件——農地転用問題と農地改革の合憲性

以下、西日本の代表的訴訟として大阪市宅地確保連盟と同農地確保同盟の対抗を、東日本の代表的訴訟として違憲訴訟をとりあげ、その概要をみておきたい。これらは言わば農地改革外在的な問題であるとも言えるが、むしろそれゆえに農地改革の意義を真正面から問うことにもなった。

1　農地改革違憲訴訟

農地改革違憲訴訟は一九四七年七月の旭川訴訟を嚆矢とするが、同訴訟は審理に入る前に却下されたので、同年十月の宇都宮訴訟が実質的な最初であった。以後わずか二カ月に満たない間に三七件もの集中的な提起がなされた。宇都宮訴訟は、栃木・小山両市の地主を主な構成員とする地主組合(西伯会)のメンバー数名を原告とし、国、その代表者として農林・司法・大蔵の三大臣、および栃木県知事、関係町村農地委員会長の五名を被告とするものである。「この訴訟において初めて、実体的に憲法第二十九条の解釈に入って、農地買収の『公共性』と『正当な補償』問題が論議された」(記録委員会一九五

一、九九〇～九九一頁)。さらに同年十二月に提起された山形訴訟では、県知事を被告とし、原告の訴訟代理人として同市護憲法曹団の弁護士四名と岩田宙造元法相・神谷貞雄元大審院判事らがずらりと並んだ。「『法曹界の権威者』が漸くにしてその姿をあらわし、実際の訴訟指導者として登場してきたことは」(農地改革資料編纂委員会一九七八a〈以下改革資料と略記〉、三二五頁)それまでの訴訟とは異なる大きな特色であった。しかし山形地裁は、「適格なき山形県知事を被告として訴へたもの」として却下し審議に至らなかったので、原告側はその後幾多の曲折を経て一九五〇年十月に最高裁に上告した。しかし「上告審(最高裁昭二五(オ)第九八号)は昭和二十八年十二月二十三日、これを棄却と判決し、ここに違憲訴訟は一応終止符をうつにいたった」(同三一六頁)のである。[16]

なお、判決はいずれも「農地改革の違憲性」を否定するものではあったが、その論拠には、「憲法以前論」「超憲法論」「合憲論」などと表現される大きな相違があった[17](同三二七頁)のであり、先の最高裁判決における合憲判断はこれらの諸判決を集約するという性格をもっていた。最高裁判決の論拠の柱を示せば次のようである。第一は、連合軍指令なくしては農地改革の「急速な実現」は困難であったろうが、「わが国策の軌道の上に考えられなかったことではなかった」ということであり、これは「憲法以前論」と「超憲法論」の二つを否定したものである。第二は、小作農の私的な土地取得を「公共性」とよべるかどうかが問われていることに対する「収用全体の目的が公共のためであればよい」とする判断を示したことであり、これは「農地買収公共性」を確認したものである。第三は、価格算定方法を自作収益価格によったことは「法の目的からいって当然」であり、さらに「地主収益に基き算出された報奨金を交付されるから、補償が不当であるという理由は認められない」とするもので「買収対価正当性」を確認したものである。第四は、「国策の線にそ」い「諸種の規制を受け」たものこそが「憲法二九条二項にいう公共の福祉に適合するように法律で定められた農地所有権の内容」であること、およびその後の米価の改定は、「主として生産費の上昇に対応した措置であり、生産に関係のない地主に対し農地価格を改定しなければならないものではない」というものである。これは「対価据置正当性」を確認したものであった(同三三二〜三六二頁)。

合憲の一つの根拠として「農地改革の公共性」が主張されたことにつき付言しておきたい。先に述べた最高裁判決では「農地改革の公共性」を自明のものとして立論されているが、その具体的根拠については、それ以前の地裁レベルの判決で言及された内容を前提にしていた。たとえば、宇都宮地裁(一九四八・一判決)では、「小作農の自作農化は、特定の耕作者の利益を図るものではなく、新憲法の要請に応じ、耕作者の地位に法的経済的安定を与え、もって農業生産力の発展と農村の民主的傾向の促進を企図するものであって、それが最も急務とされる食糧の増産確保に寄与することは勿論そのこと自体において公共の福祉である」とされ、広島地裁(一九四八・五判決)では「急速かつ広汎に自作農を創設することによって、『耕作者の地位を安定し、その労働の成果を公平に享受させ』、さらにこのことによって農業生産力の発展と『農村における民主的傾向の促進とを実現するものであり』、農地の買収は憲法二九条三項に言う『公共の福祉のため』である」と解釈された。さらに水戸地裁(一九四九・一判決)では、「農地買収は、封建的制度下にあった多数農民に法律に基づいて農地を与え、その成果を得させ、以って過去の封建的農村を改めて、民主的農村秩序を形成するという社会施策の達成にあるもので、所謂公共の福祉に合致する」との判断が示されていた。すなわち、これらの判決が想定していた「公共性」とは、「農業生産力発展すなわち食糧問題解決への貢献」と「農村紛争の根本的除去すなわち民主的農村の建設」であり、農地改革はかかるものとしてその適法性(合憲性)が確認されたのである。

2 大阪府の農地転用をめぐる訴訟

高度経済成長期に大きな問題となる「農地転用」が、大阪府においては、農地改革期における最大の農地紛争として先駆的に現象した。以下、改革資料(一九七八b、三四五〜四〇一頁)を参考にその概要を示せば、およそ次のようである。

転用にからむ利害は破格でありかつ明瞭であるために、地主も小作も強力な組織をつくり、まさに総力をあげて激突した。かかる深刻な対立に直面した府農地委員会は、やむをえず折衷的な判断(後述)を示したが、それは農林大臣の許容するところとはならず、また地主・小作双方の対立を緩和する機能を果たすことにもならなかった。ゆえに訴訟に持ち込まれ、司法の場での決着を余儀なくされたのである。その後の時代の圃場整備事業が農業合理化のみならず多分に転用期待を含むものであったことは周知のところであるが、大阪近郊農村においては、かかる両義性が一九三〇年代の耕地整理においてすでに深く刻まれていたのであった。このような事実経過と問題現出のありようには、総合的な国土利用計画と土地利用指針を欠いていたことの問題性が端的に表現されている。このようななかで、農地改革の合憲性を根拠づけた二つの公共性の内実は、急速に破壊の危機にさらされることになったのである。

大阪府では「殆んど大阪市の経済圏内にあって……地主の土地温存策は強烈なものがあった」。ここでは、地主層の抵抗運動はほぼ農地転用の権利を確保することに集中した。地主層の結集は早く、一九四六年十一月に大阪府地主協会設立(一九四七年三月大阪農地協会と改称)し、翌四七年五月には大阪市宅地確保連盟が結成された。その力を背景に、全国稀にみる規模の異議・訴願・訴訟(一九五〇年末の訴訟件数四九〇)と数多の運動を組織したのである。対する小作農民側は、一九四七年七月に大阪市農地解放促進農民大会の開催と大阪市農地確保同盟(全農系)の結成などを通じて対抗した。双方の主張は次のようなものである。「(戦後の人口急増に対応して—野田)住宅地化を促進することは都市計画上絶対に必要」「現状の侭耕作を継続するのと自作農を創設するのと……食糧増産上如何程の相違があるか疑わしい」「区画整理地区内は已に宅地造成を目的として、すべての工事を施工しある為……相当高額となり不合理」など(以上地主側)。「土地解放が具体的になるや急に都市計画を立てた所が甚だ多い／都市計画が現実的でない」「農地解放と都市計画は両立する／農地解放は(農地に対する権利を単純化するので—野田)都市計画上却って便利」「除外地を認める(と—野田)……土地取上の激化……土地売逃の激化(を引きおこす—野田)」(以上小作側)。これらの対立を反映して府農地委員会内部でも激論が続いたが、「宅地の間に散在する農地」を買収から除外し「団地状態にある農地」では買収を行なう、などという対象農地の種別化を行ない、前者については農林大臣に買収除外を要請した。しかしそれも認められるところとはならなかったため訴訟に訴えたのであった。しかし、一九五三年までにすべて棄却され収束に向かった。

3　両問題の現代的性格

いずれの問題も、「質」においてもムラ内部で解決できるようなものではないうえ、「量」(空間)においてもムラをはるかに越えた広がりをもつものであった。

都市化・農地転用について言えば、沼尻(二〇一一)が一九二〇年代以降の尼崎市における市街地開発の推移を分析し、阪神間においてはすでに一九二〇年代において耕地の宅地化が大きな問題になっていただけではなく、戦時における宅地化の頓挫(宅地予定地における農耕の持続)が問題を複雑にしたこと、対立は「転用を求める地主」対「営農継続を希求する小作農」という単純なものではなく、離作料問題も含め「小作内部の利害も分化し分断されている」という複雑な内部事情があったことを明らかにしている。転用価格が高価なため離作料水準は高いうえ、就業機会も豊富であるから、高い離作料を獲得して転業の途を選ぶという選択肢も十分可能であったからである。他方、違憲訴訟について言えば、農業生産力増大と農村平和の確保が国民的公共性をもった課題であるにせよ、後者はともかく前者が恒常的に可能なのは、農家の私経済的合理性に合致する営農環境が保全される限りのことにすぎない。

いずれの問題も経済高度化にともなう産業配置やそれと関連する農業交易条件の拡大および農村空間の保全など、国家の政策構想が不可欠な問題領域であった。さらに、これらの政策判断に必要なのは、近代に至っても強い生命力を保持し続けていた農業主体であるイエとムラの論理と力を尊重することであったが、当時の農政も農業経済学もこのようなセンスを欠いていた。「社会」という存在の固有性・能動性に対する認識をもたないまま〈国家統制か市場原理か〉という不毛な二項対立に終始したのである。序章で紹介した、「近代化政策は農地法で終わり」という小倉の言明⑤（序章第一節参照）は、この問題（社会の欠落）に対する鋭い批判であり反省であったと言うべきであろう。

注

（1）笹川（二〇一一）が紹介する中国土地改革の一コマを引用しておこう。「……地主たちは大衆集会の場に一人ずつ引き出され、土地を含む全財産を申告するとともに、過去の農民に対する搾取や行状を心から謝罪しながら、申告した財産のすべてを差し出していうのである……とはいえ、この段階にいたっても……なおも不充分であると判断された地主、過去の悪徳行為が顕著であって、多くの農民の怨みを買っている『悪覇地主』、あくまで財産の罪状にしたがって、死刑、労働改造、人民監視などの判決を受けた。とりわけ死刑の場合は、見せしめとして、同じ大衆集会の場で即座に刑が執行されたという」（一八八頁）。中国における土地改革は、日本のような過去の農民運動と政策の蓄積上にあるものとは異なり、むしろ「革命に動員するための手段」という性格が強かったのである。

（2）都府県における在村地主の小作地保有限度は、実際には〈香川〇・三町〜青森・宮城・山形の一・五町〉、自作地保有限度は〈東京の一・二町〜福島の四・七町〉というばらつきをもっていた。

（3）大和田（一九八一）によれば、NRS（天然資源局）からは農地価格と小作料の「応分の引き上げ措置が必要」であるとの意見が表明されていたが、日本側（和田農相）は「農地改革が軌道に乗るまでは、農地が非耕作者の投資として魅力あるものになることには反対だと述べ、それ以上議論は発展しなかった」(二一五頁)。また「農地改革の途中で農地価格を引き上げれば、再び価格が引き上げられることを予想して売り惜しみが一般化し、農地買収の事務が阻害されるおそれがあった。農地価格を改定せずに農地改革を短期に終結し、後日地主報償という形でこの問題が解決されたのは一番賢明な方法であったといえよう」(一六六頁)とも述べている。

(4)「国民皆農」とはむろん言葉の綾であり「できるだけ多くの人々が農に携わる」という意味である。元ハンガリー農業情報研究所(ＡＫＫＩ)所長のＪ・マルトン博士に対し私は、「ハンガリーのような大農地帯でもまずは土地分配を行なったが、それは経済と生産力を犠牲にしてでも社会政策的な改革が必要だったということか」と質問したことがある(二〇〇〇年九月二十日・於ブダペシュト)。それに対し氏は、「そうではない。この時期には、トラクターはソ連軍に持って行かれ、馬はソ連軍に食べられてしまった。生産手段が決定的に不足していたこの時期には、手労働でもがんばる意欲をもたせることだった。土地分配こそ最も有効な生産力対策であったし、実際食糧切符制からいち早く脱したのもハンガリーだった」と回答した。旧ソ連における自留地農業の生産性の高さを併せ思い出して、「目から鱗」の思いであった。日本でも終戦直後の一九四五年八月二十八日における内閣記者団との会見の場で東久邇首相が「国民皆農」という言葉を使っている。「……この際私は国民皆農といふことを主張したい。……学校の先生でも或は役人でも野菜ぐらゐは自分で作って自給するといふやり方である。さうなると土地の問題が起こってくるが、このためには先づ未墾地の開墾事業を大いにやり、これから不用になる軍用地を全部耕す。またその上になほ大なる農耕地の再配分についても考へねばならぬかもとも思ふ……」(一九四五年八月二十九日付「朝日新聞」東京)、(改革資料一九七四、五六頁)。

(5) その典型は、いわゆる「東方植民」に積極期に取り組んできたドイツであった。敗戦とともに一気に「難民」として還流することになったからである。

（6）典型は旧東ドイツ（ドイツ民主共和国）である。足立（二〇一一）は、戦後土地改革と農業集団化に至る紆余曲折を農村現場に即して具体的に明らかにしており興味深い。これによれば、同じ東ドイツのなかでもグーツ村落と大農村落では大きな違いがあるし、そもそも農村現場は「上からの改革」にただ従属的・消極的にしたがったのではなく、巨大な制約のもとでも大小さまざまなリアクションを試してみたのであり、これらの諸対応の質と量を反映して、集団化の帰趨も大きな多様性をはらむことになった。かかる過程の中から足立が導き出した「主体的な妥協」という観点は社会主義経験を社会に即して深めるための魅力的概念である。

（7）これまでの日本における中国土地改革研究では、改革の受益者は「地主・富農・中農・貧農・雇農」などと表記されるのが一般的であり、「町の貧民」が土地改革の対象者として登場するケースは私の知る限りない。それは、これらの研究のほとんどが建国以前すなわち戦時期か国共内戦期を対象としており、農民革命のシンボルとして土地改革をめぐる論点が地主・貧農問題に収斂されていたという主体の側の条件と、建国（国家建設）に際しては、長期の戦争により疲弊した社会と膨大に発生した貧民・流民問題への対処こそが重大な問題として浮上したという客観的状況があったのであろうか。四川省が日中戦争の負担を一身に背負った地域であった（笹川二〇一一）こととともに、「農村を基礎にした革命運動としての土地改革」と「国家建設のための土地改革」との差異でもあったといってもよいのかもしれない。ひとまずこのように類推しておきたい。

（8）比較の意味で東南アジア諸国についてふれたい。この地では土地改革そのものが十分遂行されず、実施された場合でも生み出された小農の多くが十分定着できなかった。

水野・重富（一九九七）によれば、東南アジア諸国にみられる土地改革（もしくは土地問題）の共通する性格は次の二点であった。一つは土地改革後も私的土地所有権が不安定なことである。それは技術や予算の不足が原因なのではなく、「西欧の制度を導入する以前に土地と占有者を特定する制度がなかったということ（ジャワ)、政府自体が地税確保を優先するあまり土地所有権の確定に熱心ではなかったり(ビルマ)、慣習法の発想に立つため土地私有権を認定することに消極的であった(インドネシア、マレーシア)ことによる」と言う。二つは、生み出された私的土地所有権に対する国家的制約の強さである。それは先進諸国における私的土地所有規制とは異なり、「脆弱な土地権や所有権の確定されない土地に対してなされるのであって、それが国家の一方的な土地利用の強制となって現れ」ており、「むしろ小農民の生活基盤を脅かす方向にしか作用していない」ことである。小経営地帯という点で東北アジア地域と同じであってもその自立性・定着性ははるかに低く、土地に対する権利は多面的かつ未分化であり、また歴史的にも土地収益に依存する度合いが低かったなどの諸条件ゆえに、近代的(＝排他的私的)土地所有権を設定することの意義は低かった。他方、それが強行された場合のコンフリクトは極めて大きなものであり、かかる状況下でそれを遂行しようとすれば、多分に開発独裁型志向を帯びた国家の介入(国家による私権の吸収)をともなわざるをえなかったのである。

(9) 大和田(一九八一)によれば、農地価格を金額で表示するかどうかは自明ではなかった。すなわち、「ギルマーチン、ラデジンスキー両氏は二十一年になってからも日本の農業経済学者の意見を求めていた。ギルマーチン氏に従えば、弾力的な価格の構想は那須皓教授に教えられたものである」と言う。「三月三十日にラデジンスキー、ギルマーチン両氏が和田農政局長と会談し、現在のところ経済が不安定なので、農地価格や小作料を金額で決めることは望ましくないこと、それらを農産物の量できめておいても貨幣価値が安定したときに一定金額にすればよいと伝えている。これに対する和田農政局長の意見は……反対したことは明らかで」あったと言う。これによれば、「弾力的価格」という見地から現物表示をすすめたのは那須皓であり、それをアメリカ側は受け入れ日本政府にその旨を提案したものの、日本政府(和田農政局長)の反対にあい金額表記に落ち着いたのである。かかる経緯から言えば、対象国に応じてアメリカ側が使い分けたのではなく、日本側の主張こそが例外的であったと言えよう。和田はもともと自作農主義とは一線を画する小作料金納化論者であり、貨幣表示のもつ経済的革新効果を高く評価していたことがこのような強い自己主張を生んだのであろう。

(10) 委員会当たり平均書記数は二・九人で、男女比率は男七三%に対し女二七%、平均年齢は男三十四歳に対し女二十一歳であった(改革資料一九七七、七一一頁)。さらに専任書記の学歴は大学卒一%、専門学校卒三%、甲種中等卒四三%、乙種中等卒一三%、高小卒三六%、小卒四%であった(同七一三~七一四頁)。他方、市町村農地委員の年齢分布は四十五~五十歳二〇・七%、五十~五十五歳一八・四%、四十~四十五歳一六・九%、五十五~六十歳一三・一%、三十五~四十歳一〇・九%、六十~六十五歳七・一%(以上で八七・一%)であったから、それよりも十五歳以上若かったことがわかる。学歴については比較可能な数値がないが、乙種中等学校以上で六割に達するなど、明らかに高かったと言える。また市町村農地委員(第一期)における女性委員比率は〇・一八%にすぎなかった(以上、同八八~八九頁)から、ここでも大きな飛躍があった。学歴のみならずジェンダーにおいても年齢においても、伝統的農村とは異質のパワーを持ち込むことになったと言えよう。

(11) 改革資料(一九七七)七二二頁。「疎開復員者引揚者」比率は、高い順に①熊本四七・二%、②長崎四六・九%、③佐賀四五・一%、④鹿児島四三・三%、⑤北海道三九・〇%、⑥大分三四・四%、⑦宮崎三四・三%、⑧宮城三一・七%(三〇%以上)、低い順に①大阪一・一%、②愛知六・〇%、③兵庫七・九%、④東京九・〇%、⑤奈良九・五%、⑥神奈川九・七%(一〇%以下)となる。とくに九州が著しい高率を示し次いで北海道・東北となり、大都会地域は極めて少ないが、これについては、次のような解釈が示されている。「……京浜地方の人々が東北地方に疎開し、一般に離村者の多いと云はれていた九州生まれの人々が故郷に帰り、故郷を持たない人々の多く(が、か―野田)開拓植民として北海道に渡つたのであらうと想像するのは間違いであらうか」。

(12) あえて単純化すれば、戦後・農地改革期の小作地引上げは、①農地改革直前の脱法的・暴力的引上げ、②農地改革実施過程での農地委員会管理下の引上げ、③農地改革後＝農地法下における農業委員会管理のもとでの引上げ、に三区別できる。本稿の分析対象は②である。

(13) 中国農区全体が高いことは間違いないが、なかでも岡山県の数値が異常に高く全体数値を大きく押し上げている。岡山の数値については、農民運動の力量・県農地委員会の姿勢などの主体的要因が実態把握の水準を高めている可能性が指摘されているが、それだけでは説明がつきそうにない。さらなる検討が必要である。

(14) 農地委員会における「許可率」をみると、北陸の七一・八％から関東の二九・八％までの大きな開きがある。特徴的な地域を抜き出せば、「申請件数が多いうえ許可率も高かった中国」「申請件数は多かったが許可率が低かった九州」「申請件数は少なかったが大部分が許可された北陸」「申請件数も少なく許可率も低かった関東」「引上げがほとんどなかった北海道」ということになろう。

(15) 本書では省略せざるをえなかったが、同じ事由に対しても都道府県ごとに大きな判断の差があったことが重要である（野田二〇〇七）。「同じ事由」であっても現実的意味は等しくないという事情があるうえ、都道府県農地委員会の判断姿勢の違いが市町村農地委員会に与えた影響を無視できない。

(16) 既墾地関係違憲訴訟件数は一九五一年六月末までに一一九件にのぼった。記録委員会（一九五一）六三九頁。

(17) 「憲法以前論」（東京高裁）とは「我が国従来の農地所有権のような前近代的土地所有は、新憲法では保障される財産権ではなく、従ってこれに対する補償が新憲法二九条に云うところの正統な補償であるかどうかは問うところではない」とするもの。「超憲法論」（静岡地裁・東京高裁・広島高裁ほか）とは「違憲であっても、超憲法的法規（管理法令）であるから違法とならない」と説くもの。

〈引用文献〉


足立芳宏『東ドイツ農村の社会史―「社会主義」経験の歴史化のために―』京都大学学術出版会、二〇一一年。

大石嘉一郎「農地改革の歴史的意義」『戦後改革 六農地改革』東京大学出版会、一九七五年。

大和田啓氣『秘史　日本の農地改革　一農政担当者の回想』日本経済評論社、一九八一年。

金聖昊「韓国の農地改革と農地制度に関する研究」京都大学博士論文(農学)、一九八九年。

同ほか『農地改革史研究』韓国農村経済研究院、一九八九年。

同「韓国農業の展開論理」今村奈良臣他編著『東アジア農業の展開論理』農山漁村文化協会、一九九四年。

楠本雅弘・平賀明彦編『戦時農業政策資料集　第一集第四巻』柏書房、一九八八年a。

同『戦時農業政策資料集　第一集第六巻』柏書房、一九八八年b。

クレスマン、K(石田勇治・木戸衛一訳)『戦後ドイツ史　1945-1955』未来社・邦訳一九九五年、原著刊行一九九一年。

坂根嘉弘「日本における地主小作関係の特質」『農業史研究』三三号、一九九九年。

笹川裕史『中華人民共和国誕生の社会史』講談社選書メチエ、二〇一一年。

蘇淳烈「土地改革―韓国からの視点―」『農業史研究』第三一・三二合併号、一九九八年三月。

田中恭子『土地と権力―中国の農村革命―』名古屋大学出版会、一九九六年。

沼尻晃伸「戦時期~戦後改革期における市街地形成と地主・小作農民―兵庫県尼崎市を事例として―」社会経済史学会『社会経済史学』七七-一、二〇一一年。

農地改革記録委員会編『農地改革顚末概要』御茶の水書房、一九五一年。

農地改革資料編纂委員会編『農地改革資料集成　第六巻』農政調査委員会、一九七七年。

同　『農地改革資料集成　第八巻』農政調査委員会、一九七八年a。
同　『農地改革資料集成　第九巻』農政調査委員会、一九七八年b。
同　『農地改革資料集成　第一一巻』農政調査委員会、一九八〇年。
農地制度資料集成編纂委員会『農地制度資料集成』第一〇巻、一九七二年。
野田公夫「農地改革の歴史的意義―比較史的視点から―」『農林業問題研究』一二七号、一九九七年九月。
同　「戦後土地改革と現代―農地改革の歴史的意義―」『年報　日本現代史』第四号、現代史料出版、一九九八年六月。
同　「戦後土地改革の論理と射程」『土地制度史学』別冊「創立五〇周年記念大会報告集」一九九九年九月。
同　「農地改革における異議・訴願・訴訟―農地改革期土地問題の一側面―」『経済史研究』一〇号、二〇〇六年。
同　「小作地引上げの地域・階層・事由分析」『生物資源経済研究』第一二号、二〇〇七年三月。
同　「日本小農論のアポリア―小農の土地所有権要求をどう評価するか―」今西一編『世界システムと東アジア』日本経済評論社、二〇〇八年。
水野広祐・重富真一編『東南アジアの経済開発と土地制度』アジア経済研究所、一九九七年。
羅明哲「台湾農業の展開論理」今村奈良臣・劉聖仁・金聖昊・羅明哲・坪井伸広『東アジア農業の展開論理―中韓台日を比較する―』農山漁村文化協会、一九九四年。
頼涪林「中国土地改革の展開論理―四川省における実証分析―」一九九六年度博士学位論文、京都大学博士(農学)、一九九六年。
同　「中国土地改革と地主制」『農業史研究』二七号、一九九四年、「中国の土地改革」『農業史研究』三一・三二合併号、一九九七年。

第五章　歴史的ポジションの規定性

——中進国的問題状況

はじめに

本章では、各章で概括した日本農業の諸特徴を、「世界経済における日本の歴史的ポジション」という大きな視点から位置づけなおしたい。序章で述べたように、世界市場に参入した時期の早晩は経済発展のあり方に大きな影響をもたらす。前期参入を果たした国々は「先進国」としての立場を確保し、後期参入を余儀なくされた国々は「後進国」として従属的地位に置かれ、それはしばしば宗主国と植民地の関係と重なった。日本は前期に参入したものの、その先発組(西欧諸国)に対しては後発組として明瞭に異なる位相に置かれた。この「前期・後発」という特異な位置を本書では「中進国」と表現するが、これまでの論者と異なるのは、「中進国」的特質を「先進国」に至る過程の過渡的な段階としてではなく、その後も長く影響を及ぼす構造的要因として重視することである。[1]

中進国日本がアジア唯一の帝国主義国として後進諸国を支配下においた事実が示すように、中進国と後進国との差もまた実に大きいうえ、それを論じることは大切なのだが、〈世界標準〉としての農業構造改革を念頭に置きつつ日本農業の個性を論じる本書では、論点を先進国(前期・早発)との比較に絞って考察する。

西欧先進諸国と中進国日本との最も大きな相違は、近代化・資本主義化の馴致期間・試行錯誤期間の長/短であり、さらにそれが国家に対する社会の自立性の大/小につながっていることである。しかも、与えられた時間が短い中進国では、「遅れ」を取り戻すために、「国家の介入」が繰り返される(それが

「成功」するところが後進国との違いである)が、それは農村の現実よりも国家の必要に即してなされるものであるため、しばしば「伝統の破壊」と手のひらを返したような「伝統の利活用」との間を揺れ動くことにもなる。さらに、工業内部の資本蓄積を欠いているため工業化のファンドは農業に求められ、したがって土地税の重さがこの国を特色づける。農業はかかる負担に耐えながらその可能性を模索せざるをえないのである。にもかかわらず、恒常的に外貨不足に悩む状況下では、農業は食料を中心とする必需品を確実に生産しなければならない。この両立困難な課題に直面しつつそれをなんとか並び立たせてきたことが、(その必要がより少なかった)先進国とも、(両者を並び立たせることが難しかった)後進国とも異なる中進国の大きな特性であった。ここでは「農本主義」(農業重視論という程度の意味で使っている)が一つのイデオロギーである以上の現実的役割を有したのである。他方、農業をさらに発展させるためには国内市場(農産物需要)の拡大が重要条件となるが、消費水準を抑制して工業化に資力を振り向ける志向をもつため質・量双方において市場の発達は抑制される傾向をもつ。したがってその歩みには大きな困難がともなった。なお、完成度の高い先進国工業技術が潤沢に投入されると、社会的に一定の生活水準が形成されつつも、生産規模に対する必要労働量は大幅に切り下がるため労働力の吸引はすすまず、農業部門における多くの人口が「過剰人口」化するという事態が生じる(2)。第三章でみた大正期農村運動の高揚はじめ、諸章で概観してきた近代日本農業の特色は、自然と歴史(伝統社会)が育んできたＤＮＡに加えて、日本近代が置かれた国際環境(歴史的ポジション)に規定されることにより生み出されたものであった。

本章の課題は、近現代日本農業史の諸特徴を中進国的条件との関係で明らかにすることであり、とりわけ日本的な農業主体が形成される可能性をもった大正期(第三章)の位置づけを前後の時代との関連で再把握することであるが、叙述は「農業」「ムラ」「農地」という三つの要素に即して行ないたい。すなわち、第一節では「農業形態と農業構造」における対応形態を、「水田農業の高度化」という近代日本の農業戦略と日本農業に関する「三大基本数字」のなかに見出し、第二節では「ムラと国家の関係」の変化、すなわち国家が「ムラの忌避」から「ムラの積極利用」へと転ずる過程[3]に注目し、第三節では「農地問題の特質」、すなわち当初「分配率の変更」(小作料減額)を求める小作争議として始まった地主制批判が「農地所有権(自体の)要求」に転じ農地改革に至る論理を、いずれも中進国性との関連で明らかにしたい。

一　農業形態と農業構造

ここでは、伝統社会から継承し中進国的近代化が付加した、農業を規定する枠組みを概括する。

1　近代土地改革から近代地主制へ

〈地租改正という名の近代土地改革〉　近代への参入には通常土地改革をともなう(近代市民革命の主要課題)。土地は前近代(とりわけ封建制においては)における最も基本的で普遍的な財であり、それを伝統的なしばりから開放し市場に委ねることが、資本主義的な経済構成上不可欠だからである。日本の土地改革は、地租改正という特異な名称に示されるように目的を国税（金納地租）の確保に絞ったところに顕著な特徴があり、そのために農地においては徹底した私的所有権の確立がめざされた。このようなラディカルな改革が可能であったのは、領主層を城下町に集住させた江戸時代には、領主層の土地に対する直接の支配（在地領主制と言う）が失われ、事実上の農民による土地支配が成立していたからである。[4]

他方、林野においては、若干の試行錯誤の後、とくに優良部分の国家的囲い込みと一部の御料林（皇室所有林）化が行なわれた（林野官民有区分）。以後、耕地（農業）と山林（林業）は分離され各々の専門化がめざされたため、林業と畜産や耕種農業との有機的連携を模索する可能性が制約された。序章で紹介した小倉の問い③（農林業改革という視野の必要）はそのことの現代的意味を再考すべきことを問うたものと意味づけられる。「私権の徹底」と「皇室財産の設定」が併存するところがまことに中進国的であろう。

なお、明治初期には国家財政に占める地租比重はほぼ八割にもなった。[5] まさに農業が近代国家の建設を支えたのである。先にも述べたように、近代化財源の圧倒的部分を農業（地租）に依存せざるをえなかったところが先進国との違いであり、にもかかわらず農業（地租）が近代化を支ええたことが後進国との違いである。ここでは何よりもまず、伝統的日本農業の強靭さこそが確認されるべきである。

〈近代地主制の形成とムラの分断〉

しかし、市場経済の発展になお限界があった当時において（江戸時代の現物年貢から）地租金納化に踏み切ったことは、下層農家に過大な負担を与えることになった。その結果、デフレ政策の採用（農産物販売収入の激減）とともに地租滞納者が続出し、下層農家の土地売却(小作農化)と富裕層による土地集積(地主化)がすすんだ。これが過剰人口化した農民層に立脚した近代地主制(高額現物小作料)の形成であり、それは収取した小作料の資本転化(典型＝有価証券化)と小作農家からの家計補助的(＝低労賃)労働力排出(典型＝製糸女工)というメカニズムを通じて、資本主義経済の発展に貢献したのである。なお地主・小作関係について言えば、「江戸時代は地主の土地支配権が小作権を圧倒していた」という通念があるがこれは間違いである。事実は逆であり、「弱肉強食」的な競争原理こそ近代のものである。近代社会は土地所有権(地主)を決定的に強化し利用権(小作)を弱化させたのである(川口一九九〇)。「所有権の圧倒」、これもまた中進国的な近代の一側面であった。

市場経済の進展にともなう過剰人口の増加と地租負担を生産者に転嫁しようとする地主の意志とが重なり小作料は高い水準を維持し、高額小作料をめぐる対立がムラに亀裂を生んだ。むろん近世の年貢や小作料負担も軽いものではなかったが、年貢(対領主)負担においては広範な縄延び地の存在が重要な緩衝剤になっていた(阿部一九九四、池本二〇一一)し、小作料(対地主)負担には温情的な地主関係と失地請戻慣行などの社会規範の庇護もあった(平野二〇〇四)[(6)]。近代は、伝統社会が生み出していたこれらの余地と扶助を奪うことになった。温情を市場関係・契約関係に置き換えることにより、むき出しの厳しさが生み出されたのである。こうして中進国日本では、地租をめぐる農地所有者(地主・自作)と国家、小作料をめぐる小作と地主という、農地をめぐる二重の対立が深く長く戦前期農村を覆い、農業問題の中心課題を構成したのである。

2 「水田農業の高度化」という農業戦略

〈水田農業の高度化〉　持田（一九九〇）を参考にして日本農業近代化方策の特質を概括すれば次のようである。近代西欧農業は、蛋白質と脂質の需要拡大に対応するために耕種部門中心の農業構成から畜産部門中心の農業構成へと大きな編成替えを遂げたが、日本ではこのような大規模な変化はおこらず、水田の潜在的能力の高さに依拠した「水田農業の高度化」で対応した。「水田農業の高度化」とは、利水・排水双方の条件を改善して水田を乾田化することにより、米（表作）の収量（土地生産性）をあげるとともに、裏作物を導入・拡大することである（土地利用率の向上）。日本農業の近代化が農業構造の抜本的改編をともなわず「水田農業の高度化」で対応できたことが「近代化コスト」を大幅に節約し、明治近代国家の形成をよりスムーズにした。もちろんこれを可能にしたのは、水田という容器（装置）の優秀性であるが、それとともに庶民の生活水準が低位に置かれ、蛋白・脂質への要求が抑制され続けてきたことが大きい。

乾田化の程度に応じて、湿害に強い紫雲英《れんげ》から湿害にやや弱い大麦へ、さらには湿害に弱い小麦へと裏作物が変わった。乾田化レベルに対応したこの作物序列はまた、緑肥作物から粗放的自給食料へ、さらに集約的商品作物（ここでは商品作物的性格を強化した小麦である）へという質的な「高度化」を意味していた。大正期農村社会運動（第三章）の背景には、これらの過程を経て商品生産者的性格を強化した小農層の存在があったのである。

〈耕種部門に従属した畜産〉　公には肉食が禁じられていた日本では、牛はもっぱら「百万頭の耕牛」として存在していた。ゆえに近代化にともなう肉需要増加に対しては、これらの耕牛を使役後に若干の肥育過程を施した後に肉とする役肉兼用化の方向によって対応することになった。他方、日本食の伝統のうえに牛肉は鍋料理として受容されたため、煮ることによって柔らかくなり甘みも出る肉質が好まれた。そのなかで徐々に脂肪交雑への関心が高まり、このような遺伝子特性をもった中国地方の黒牛(後の黒毛和牛)を買い入れ、耕牛として使役した後、大麦やふすまや大豆などの濃厚飼料を投入しつつ高級肉化をめざす飼育法が開発されていったが、これらの濃厚飼料もまた「水田農業の高度化」によって供給された。

かくして戦前期の日本では、肉用牛は畜産業として自立化する方向はとらず、農家による耕牛利用と併存する方向(そのレベルはさまざまであった)をとった。耕牛としての使役過程はむろん、裏作物を含む水田生産物が濃厚飼料として投入されていた肥育過程もまた、耕種農業に深く埋め込まれた小農的畜産であったのである(野間二〇一〇)。

以上のように、耕種から畜産へという基軸農業部門の大改編をともなった西欧とは異なり、耕種部門の枠内(水田農業の高度化)で対応しえた日本では、近世農業と近代農業との断絶的契機が乏しかっただけではなく、強固な水利慣行とそれを軸にして組まれた種々の共同作業が高度化されつつ継承されることになった。伝統はリニューアルされることにより強く継承されたのである(7)。

3　資本集約化とその挫折

中耕除草農業としての日本農業は、労働対象である「作物」(耐肥性品種の開発)と「肥料」(大豆粕から硫安へ)の改良を基軸にして発展してきた。しばしば日本農業は労働生産性を無視した多労農業だと言われるが、それは必ずしも正しくはない。土地がリミティング・ファクターであったから土地生産性の向上が基本とされたが、労働対象技術の改良自体が労働能率の向上を生み、労働生産性(労働時間当たりの生産量)もまた増加したのである。近代を大局的にみれば、労働生産性と土地生産性は併進したのであり、これが第三章でみたような市場対応への関心と能力をもった農民主体を生み出した背景であった。

しかし、大工業が本格的に形成された大正期には労働力不足が顕在化する。一部には、年雇形態で朝鮮人労働力を確保するという動き(後述)がみられたが、一般的には農業機械導入への意欲となって表れた。大正期には、ポンプや脱穀機・籾摺機・精米機などを中心に農業機械が各種考案され、改良も重ねられつつ急速な普及をみたのである。それは、最大の労働ピークである田植えと稲刈りには手がつかず脱穀調製過程に偏したものであったが、その成果は軽視されるべきものではなかった。

吉岡(一九三九)によれば、自動耕耘機の労働生産性は馬耕のほぼ一〇倍、田打車では雁爪の三倍強、動力脱穀機は協業の工夫次第では足踏脱穀機の四倍強にもなったのであり、大正期農家小組合はこれらの機械の導入・共同利用を結成の契機にするものが多かったのである(第三章)。ただし耕耘過程の機械化は、水田という特殊な土壌条件においては技術的難度が高く、試行錯誤が重ねられたものの一部地域を除いて戦後に至るまで畜力が中心であった。一部地域とは岡山県と福岡県(とりわけ岡山県興除村)などであり、戦前段階で約一万台の普及をみたのである。(8)

大正期に顕在化した農業機械化の動きは、労働力不足がきわまった戦時体制期にこそ必要とされたが、日本の戦時体制にその余裕はなかった。同じ枢軸国でもナチス・ドイツは、すでに前時代に達成された「経済の高度化」を背景に、農業機械・肥料を確実に供給するとともに、ポーランドをはじめとする東欧諸国から大量の労働力を動員することにより敗戦直前まで食糧供給水準を維持しえた。(9)「大砲もバターも」という第一次大戦から学んだ教訓を基本的に守り切ったのである。それとは対照的に日本では、「経済の高度化」自体が戦時体制下最大の課題であり、そのための「傾斜生産」、すなわち「不要不急」とみなされた諸部門の犠牲のうえに、五大産業(鉄鋼・石炭・軽金属・船舶・航空機)に全力が傾けられることになった。硫安は爆薬製造と真正面から競合し、農機具製造上必要な金属も発動機を動かす石油も、本格的な土地改良のための土木機械も軍事的要請の前には大きく削減されざるをえなかったから、戦時農業は以前にも増して「労力動員」によって対処すべきものになった。日本の戦時体制(四〇年体制)もまた、極めて中進国的であったのである。

4　日本農業に関する「三大基本数字」というもの

農地面積はともかく農業経営体と農業就業人口は、経済発展とともに、相対的にはむろん絶対的に

表5-1 「日本農業に関する三大基本数字」の崩壊過程

	農家戸数：万戸	耕地面積：万 ha	農業就業人口：万人
1960（昭35）	**606（110）**	**607（101）**	1,196（85）＊＊
1980（同55）	466（ 85）	546（ 92）	506（36）
2000（平12）	307（ 56）	483（ 82）	389（29）
2010（同22）＊	253（ 46）	459（ 77）	261（19）

注）『ポケット農林水産統計』各年次。（　）内は横井時敬の言う「三大基本数字」（農家550万戸・農地600万町歩・就業人口1,400万人）に対する比率。
＊農家戸数・農業就業人口は「2010年センサス」，耕地面積は「同年農林水産統計」，＊＊は磯辺（2010）表7-1より。

も大幅に減少する。少なくとも西欧先進諸国はそうであった。ところが近代日本には、日本農業を長期にわたり貫いた三つの数字があった。農家数（約五五〇万戸）、農地面積（約六〇〇万町歩）、農業就業人口（約一四〇〇万人）――横井時敬により日本農業の「三大基本数字」とよばれたものがそれである。(10)「基本」とは「変わらない」ということである。若干の増減があったことは当然であるが、ここでは明治初期における農業の規模と構造（三大基本数字）が二〇世紀半ば（高度経済成長期）までその大枠を維持したことに注目したい（表５－１）。農家数が減らなかったのは先進国との、人口増加（ほぼ三倍化した）分すべてを都市（非農業）が安定吸収できたのは途上国との、いずれも決定的な相違であり、そもそも「基本数字」（不動の生産構造）というものの存在自体がすぐれて中進国的現実を示すものであった。

都市の膨張にもかかわらず農家数を維持（むしろ微増）しえた秘密はイエの存在にあった。次三男や姉妹たちは外部に出たにせよ、後継ぎは確実にムラに残りイエを守ったからである。これが、少なくとも高度成長期までの「日本の近現代百年」を貫いた農家（イエ）のビヘイビアであった。ちなみに、「三大基本数字」が持続していたところに大正期農村社会運動の基盤があり、その崩壊（戦後「高度経済成長」以降の事態である）は「構造改革の可能性」をはるかに上回る「農村の消極化・保守化」を生んだのである。

なお、基本法農政＝構造改革失敗の要因として、総兼業化と農地価格の急騰（資産化）が、いずれも想定外の事態としてしばしば指摘されるが、とりわけ前者は横井の指摘のみならず過去数十年の現実からも十分想定可能であったし、後者にしても、すでに農地改革に対する主要なディスターブ要因として注目されていた（第四章第三節）ことが思い出されねばならないであろう。

最後に、先進国との農業就業者比率（全就業者に占める農業就業者の比率）の比較を通じて日本の中進国的位置を再確認しておけば次のようである（野尻一九三九）。

日本	（調査年一九二〇年）	五五・六%
フランス	（同　一九一一年）	四二・六%
北米	（同　一九二〇年）	三三・二%
ドイツ	（同　一九二〇年）	三一・六%
イギリス	（同　一九一一年）	一三・一%

産業革命をリードしたイギリスは別格としても、西欧後発国であるドイツ、新開地である北米との差も、欧州最大の農業国であるフランスとの差も歴然としている。日本は（就業人口構成からみれば）依然

として「農業国」でありながら帝国主義化(植民地支配)したのであり、ここに特異な中進国的軋轢が集中的に表現されていたと言ってよかろう。

二 ムラと国家

近代国家はそれとは編成原理を異にする伝統的共同体を内部に含みつつ成立するから、両者の調整と再配置すなわち新しい国家・社会関係の形成が、近代化過程を貫くいま一つの中心軸になる。近代化過程が長い先進諸国では試行錯誤期間を十分とれるため、かかる過程で形成される社会(ここでは近代農村)は相対的に自立性をもったものとなるが、世界市場への参入が遅れた中進国にはそのような余裕はなく、追いつくための動員が主要課題になるため両者の関係は権威主義的に再編される。このことが農業農村のありようを制約するのである。

1 ムラ抑圧からムラ利用へ

近世末に約六万三〇〇〇あった近世村は、明治市町村制(一八八八年)により約一万三〇〇〇に統合された。廃藩置県により成立した明治国家にとって、一時も早く列強に伍する近代国家を建設することは焦眉の課題であった。道路・鉄道や港湾を整備するうえでも基礎単位の広域化は必要とされたし、小学校や病院を設置(いずれも文明開化のシンボルであった)するためにも、それだけの財力を調達できる範囲が必要とされた。したがって、基礎単位の広域化は近代化の随伴する一般的な傾向といってよいが、限られた短期のうちに強引にすすめざるをえなかったところに中進国の困難がある。

加えて、近世村の自立性は極めて高かった。不十分であるにせよ、固有の「財政権」をもち「執行権」のみならず「裁判権」ももち、内部統制力をもつとともに対外的な代表性を有する存在であった。齋藤（一九八九）は、このような特質をもつ近世村を、その「ミニ国家ともいうべき自立性」に注目して「自治村落」とよんだ。しかし、このような割拠的な状況を克服し明治国家が国民国家としての凝集力をつくるためには、何よりも人々の「忠誠の対象」をムラではなく国家に移し替えることが必要であった。近世村的な自立性を解体しようとする明治国家とアイデンティティをかけた在地の抵抗の結果、結局は明治市町村制のもとでの言わば妥協的・中間的形態として、自治村落の多くは、〈大字〉というフォーマルな権限をもたない名目的存在へと編成替えされることになったのである。

2　農家小組合とその性格変化

他方、農業が必要とする集団性には大きな変更はなかったから、後に農家小組合とよばれる多様なムラレベルの共同組織が生まれ、府県および府県農会による設置奨励も開始される。ここでは、ムラでつくられた地縁的農業組織である農家小組合の帰趨を通じて「ムラ」（の機能分化）「ムラと国家」について考えてみたい。第三章で述べたように、私はとくに大正期農家小組合を近代日本における農業主体性（とその可能性）を示すものとして重視しているが、ここでは、その前後の時期、明治と昭和を同時に視野に入れることによりその意味を再考することにしたい。農家小組合に関する基本資料として帝国農会（一九二八）、農林省農務局（一九三二、一九三六）など、代表的な研究としては棚橋（一九五五）などがある。以下、これらの基礎資料に依拠して論述する。

〈府県農会の奨励と設置状況〉　農家小組合という用語で行政的に把握される以前にも類似組織が生み出されており、それが道府県により奨励の対象となったのが明治後期から大正にかけてのことであった。明治初期の萌芽的運動については十分な研究がなされていないが、次の一文がその最大公約数を示している（渡辺一九四二）。「明治維新による舊諸制度の改廃並に農業の極端な奨励政策は、農村各種産業団体の発生を見たが、殊に明治二十二年町村制の大改革、これに伴ふ五人組制度の崩壊は産業自治上から、或ひは勧農政策の実行機関としての必要から、農村協同小団体の発生を促進せしめた」（三六六頁）。そのような自生的組合が生み出された地域として棚橋（一九五五）は、明治二十年代の愛知・京都・福岡・鹿児島・新潟・山形をあげ、渡辺（一九四二）は正式な奨励策とは言えないが滋賀県では明治十四年にいち早く「準則を設けて普及した」と述べている。以上のような前史をふまえながら、道府県や道府県農会が農家小組合の積極奨励に向かうことになるが、農林省農務局（一九三六）に基づき、「府県又は府県農会にて奨励を初め《ママ》たる年次」を記せば次のようである。(11)

一八九六（明治二十九）年　鹿児島
一九〇四（明治三十七）年　岡山

一九〇七（明治四十）年　福岡
一九〇九（明治四十二）年　鳥取、高知
一九一〇（明治四十三）年　埼玉
一九一一（明治四十四）年　茨城

一九一二（大正元）年　福井、佐賀
一九一三（大正二）年　栃木、三重
一九一四（大正三）年　愛知、大分
一九一五（大正四）年　新潟
一九一六（大正五）年　石川
一九一七（大正六）年　北海道
一九一八（大正七）年　岩手、長野
一九一九（大正八）年　山形、東京、神奈川、山梨、島根、長崎
一九二〇（大正九）年　秋田、徳島、熊本
一九二一（大正十）年　富山、奈良、宮崎
一九二二（大正十一）年　群馬、岐阜、滋賀、大阪、兵庫、和歌山、広島
一九二三（大正十二）年　宮城、千葉

一九二四（大正十三）年　青森、静岡、京都
一九二五（大正十四）年　山口
一九二六（大正十五）年　愛媛

奨励策をとった道府県農会は一八九六（明治二十九）年の鹿児島を嚆矢として明治期に七県、大正期に三七道府県であった。このような取組みに支えられて農家小組合は急増し、大正年間に約八万組合（旧近世村六万三〇〇〇と比較されたい）になったのである。[12]

その後も、昭和恐慌（農山漁村経済更生運動の実働部隊として）や戦時体制（供出＝配給関係を通じて統制経済の基礎組織として）を通じて国家レベルの要請を受けることにより設立は加速し、一九三三（昭和八）年には二三万五〇三六、一九四一（昭和十六）年には三一万二九一四に達した。これは二〇一〇年農業センサスが把握した農業集落数一三万九一七六の約二・二倍にあたる。明治期に一部諸県で結成され始めた農家小組合は大正期には全国に拡大し、昭和とりわけ戦時体制期にはまさに全国を覆いつくしたのである。

〈明治期小組合と大正期小組合〉　農家小組合は明治・大正・昭和とその性格を大きく変えた。棚橋（一九五五）は三つの時代の農家小組合の性格変化をおよそ次のように整理している。

明治期小組合の特質は、第一に、近世由来の共同組織との「交流的連関」のもとに萌芽的状態として発達を続けたことであり、そこでは「伝統主義と個人主義とが対立しながら存在」していた。要するに、

表5-2　農家小組合の設置状況

年次	1925（大正14）	1928（昭和3）	1933（昭和8）	1941（昭和16）
設立数	79,690	157,439	235,036	312,914

注）棚橋(1955)より作成。

先に述べたような維新変革による伝統的組織・制度の解体に対応して新しい農業共同のあり方が模索されたのであるが、それは新時代に十分対応しえたとは言えず、深い「対立」をはらんだものとして存在していたと言うのである。第二には、その中心的な目的は農業生産技術の改良であったが、新しい時代環境総体に対するムラのリアクションという性格を併せもつものであったから、最初は課題を特定しない「総合型」組合として結成された。その後生産・技術の改良に力点を移すことを通じて徐々に「単一型」組合の要素を付加していったのだと言う。このような運動の自生的展開を背景にして、明治二十九年の鹿児島を皮切りに道府県もしくは道府県農会による奨励が始まり、その動きは大正期に一気に拡大したのである(表5－2)。

大正期における農家小組合の増加は爆発的といってもよいものであった[13]。機能上も「協同組合的事業」が積極的に付加されることにより事業内容の幅が広がり、質的にも大きな様変わりをみせた。それは「農村問題」が急速にクローズアップされてきた時代、市場問題への対処が大きな課題に浮上してきた時代へのムラの対応であった。具体的には、労力不足や労賃および農機具価格の高騰に対する対処としての共同作業・共同経営(労働生産性の追求)である。販売力や購買力を強化するための共同販売・共同購買の実施(価格生産性の追求)であった。生産・技術領域においても「採種圃経営」に力が入れられ、またポンプ揚水による水利条件の改善や病虫害の共同防除などが積極的に取り組まれた。

これは主要食糧農産物改良増殖奨励規則(一九一九年)に基づく優良品種普及策であり、これもまた市場対策としての性格を強く帯びるものであった(品質差別化の追求)。「明治時代において、伝統主義と個人主義とが対立したのに対し、大正時代に至って社会連帯性の導入についての提起を見出したことは、社会思想的にみて著しい進歩といわなければならない」(三七頁)。そのように棚橋は評した。

3 昭和期小組合――政策(国家)によるムラの利用と動員

〈恐慌と小組合―経済更生運動〉 大正に続く昭和の時代は、すぐさま世界恐慌に襲われたうえ連続的に戦時体制に突入する「恐慌と戦争の時代」であった。このような外部環境の激変に対応して、農家小組合もまた急速な変質を余儀なくされた。

第一に、これまでムラを忌避し続けてきた政策(国)の側が、一転して農家小組合(ムラ)の全面的な利用に踏み切った。恐慌に疲弊した農村を立て直すために実施された経済更生運動では、更生計画は市町村単位で樹立されたが、その実働部隊としてムラレベルに組織された農家小組合(経済更生運動では農事実行組合とよばれるのが一般的であった)を位置づけたのである。農家小組合はムラ組織であったから、それは明治以来のムラ批判政策を撤回し、むしろその全面活用に踏み切ったことを意味した。国家(とりわけ農林省)は「実働部隊としてのムラ＝農家小組合」に照準を合わせたのである。もちろんそれは、国民国家に敵対しかねないほどの自立性・凝集性をもった明治初期のムラ(これは旧藩政村すなわち齋藤〈一九八九〉の言う自治村落である)とは異なり、農業共同の基礎単位としてのムラという大きな性格変化があった[14]。

第二に、事業の力点(したがって小組合に期待される機能)が変わった。世界恐慌下では農産物は長期にわたり大きく下落し(農業恐慌)、他方都市失業者の帰村も相次ぎ、農村労働力事情が不足から過剰へと反転したためである。そこでは、事業の「多角化」による就労場面拡大、具体的には「副業」の事業化に力点が置かれることになった。拡大する市場環境に対する前向きの対応と言えた大正期小組合とは異なり、労働力の完全燃焼と自給化を軸とした防衛的性格が前面に出ざるをえなかったのである。また、農村負債の解消に向けて負債整理組合が多数つくられたが、多くの場合その範囲は小組合と重なり、ムラ機能の防衛的性格は一層強くなった。

第三に、恐慌下の一九三一(昭和六)年蚕糸業組合法制定により蚕糸関係小組合の法人化が可能になったのに続き、一九三二年には産業組合法が改正され、広く農家小組合を法人化し産業組合に加入する途を開いた(法人化した農家小組合を農事実行組合とよんだ)。これは大正期小組合における経済事業の拡大が産業組合との重なりを増したことを一つの基盤にしているが、同時に農業の基本的組織体であるムラを(協同組合とは異質であるにもかかわらず)まるごと産業組合に編入することを意味した。これはそれまで産業組合の外に置かれていた零細農家をムラぐるみで産業組合に含み入れるものであったから、一部には「産業組合の民主化・大衆化」と歓迎する見解(産業組合青年連盟)もあったが、実態的には、産業組合の協同組合的性格を弱め、それをムラという強力な結合力に支えられた政策の受け皿(実働部隊)として再編するものであった。

「ムラと結合した協同組合」という奇妙な組織は、個の自立を前提とする協同組合原則とは相容れないものである。実際、戦時体制深化のなかで統制機関化することに大きく寄与したと考えられるが、他方、このような編成替えが深刻な抵抗をともなうことなくすすんだことにはそれなりの理由があった。それは、水利関係という面的な土台のうえに成立している水田農業において生産過程の合理化をすすめるためには、ムラ全域を範囲に収めることが必要であるという、言わば生産技術の集団的なあり方と整合的だからである。これは農業生産における社会的規制が少なく、生産規模の拡大を個の自立として実現できる西欧＝畑作農業との決定的な相違点であった。本来は(「民主化」の雰囲気が横溢した戦後期には困難であったであろうが)「ムラと結合した協同組合」を「封建性」で切るのではなく、「日本的協同組合」のユニークネスの問題としてより具体的に議論されるべきであった。このような議論が積み上げられておれば、職能組織か地域組織かをめぐる現在の農協論にも建設的な貢献できたはずである。

〈戦争と小組合―戦時統制の受け皿〉

世界恐慌からの立ち直りは比較的早かった。昭和戦前期の経済状況の標準年として一九三四〜三六年をとることを通例としている。一九三四(昭和九)年はほぼ「平年」に復した年とみなされているのであり、戦争によるディスタープを被るまでの以後三年間が昭和戦前期における日本経済「最良の時期」であったのである。ちなみに、一九三六(昭和十一)年とは戦時体制突入(日中戦争開始)の前年にあたる。日中戦争以降に明瞭になったのは、農家小組合を戦時統制経済の基礎組織として再編強化する動きであった。それは総力戦体制の戦時に即した発動に対応したものであった。

一九四〇年の農会法改正で「部落農業団体（＝農家小組合）の農会加入」が認められ、同年五月の道府県農会幹事主任技師協議会では次のような決議がなされた。「（一）速に部落団体を整備し、これを市町村農会に加入せしむること。（二）農事実行組合の内容を整備拡充し農村の事情に適応せしむること。（三）農事実行組合は地方の実情に応じ産業組合に加入せしめその活動をはかること」。ほぼ同時に開かれた産業組合全国大会においても「統制経済の進展」のために「全農村部落の組織化」が決定された。すでに恐慌期に確認されていた「農村部落の組織化」は、ここに「統制経済の進展といふ国家的な要請によって新しい意義を与へられる」こととなったのである。かくして「全産業組合は、系統農会と緊密なる連携のもとに全農村部落団体を農事実行組合に組織化し、これを農会および産業組合に加入せしめんとする方針をとるべきことが提示された」（農林省農務局一九三六、四九〜五〇頁）のである。

戦時統制（ほぼ「一九四〇年体制」に重なろう）の時代に農村に保守主義・権威主義が生まれたとの指摘があることを付言しておきたい。小倉武一は、戦時下に「地主の家父長主義」に代わる「国の家父長主義」が生まれたといい（小倉一九八二、三四五〜三四八頁）、近藤康男は「戦時下につくられた農村の保守的雰囲気」を問題にしている（近藤二〇〇一）のである。これ以上の説明はないが、統制経済が「国家」の名のもとに「供出・配給」システムをムラの連帯責任において稼働させるとき、それまでとは異なる「保守主義・権威主義・家父長主義」が前面化したのであろうか。いずれにしても、戦争の昭和期には大正期のようなチャレンジングな側面を喪失し「国家的な義務」を果たすことにのみ汲々とする状況が、小倉や近藤によって「保守化・権威主義化」として把握されたのであろう。〈戦時統制に組み込まれることによるムラの保守化・権威主義化〉――これは、「ムラとはもともと保守的・排他的で権威主義的なもの」とする、ムラの置かれた条件をみない、いわば「本質論的」な農村社会理解(これが通説であろう)を批判し相対化する材料を提供するものとしても興味深い[15]。

(補)戦時最終盤における「ムラの機能不全」

最後に「今次大戦の破壊力」といったものについて付言する。近年、戦時末期におけるムラの対処能力をはるかに超えた労働力欠乏が契機となり、ムラ管理能力が大きな危機に遭遇していた史実が具体的に明らかにされてきているのでふれておきたい。

一つは、伊藤(二〇一〇)である。農業労働力不足がさらに深刻になると共同作業のようなムラ(農家実行組合)内部での工夫では対応しきれず、食糧増産隊などをムラ外部、それも都市から投入せざるをえないことになった。しかし、「国家的使命」だと言い聞かされてムラに赴くことを決意した増産隊員は、彼らを単なる補助労働力としかみない農家の態度に大きな失望を味わうことになるし、農家の側は農業の実際も知らないまま「使命感」をひけらかす彼らに忌避の念すら覚えることになる。さらに、「農村勤労奉仕」に参加した女子青年団員は、半ばは都会の若い女性への好奇、半ば異文化を持ち込むものとしての警戒の目で見られることになり、他方勤労奉仕に従事する傍らで「美しく着飾ってお茶やお花の稽古」に出かける「農村の娘」をみれば、彼女らもまた大きな違和感を感じることにもなる。事態はムラを越える対処を必要とし、かつその対応能力をはるかに超えるものになっていたのである。

二つは、安岡(二〇一〇)が明らかにした朝鮮人農家の出現である。一九二〇年代以降、北九州工業地帯の拡大を背景に深刻な農業労働力不足にみまわれた北九州を中心に、朝鮮人年雇の増大により対応する動きがみられたことは知られていた[16]が、一九四〇年代には小作農家になるものが急増し、戦時末期には自作農化する事例も多数生まれていたことはほとんど知られてこなかった。脱農しようとする日本人農家が、結局日本人には引き受け手がみつからなかったため、朝鮮人農業労働者に農舎・農具も含む一切を売却したという、ムラの存在を脅かしかねない事態も紹介されている。自作化といっても極めて零細なもので自作農家とよびうる実態を備えたものは少なかったが、伝統的地縁集団たるムラにとってはその存立基盤を揺るがす大変容であった。ムラ=農事実行組合は彼らをメンバーには含めず、朝鮮人農家は別途なプマシによる相互扶助を組織したと言うが、これ自体がムラの凝集性・領域性の崩壊局面を意味していた。

かかる事態は、敗戦時点ではなお限定的であったとはいえ、戦争が継続されていればさらに急速に進行していたであろう。ただし無限定にすすむと言うよりは、ある段階でホストである農村社会自体がなんらかの大きなリアクションをしていた可能性が高い。ムラはこのような論理を恒久的には受容できないからである。いずれにしても、総力戦のもたらした圧力は人にもムラにも過大な負荷を与えつつあったと言わなければならないであろう。

三　農地問題――農地改革という解決

ここでは農業における土地問題が基本的に農地所有権獲得（自作農的土地所有化）の問題として現れたことの意味を考える。

1　戦後農地改革の中進国的性格

戦後農地改革も中進国性の産物である。第四章で述べたように第二次世界大戦後は「土地改革の時代」であり、大土地所有を解体し小土地所有を広範に設定することを内容とする土地改革が世界各地で実施された。日本農地改革は、二〇世紀半ばにこのような改革を必要としたところが先進国との顕著な相違であり、短期に驚異的な達成をみたところが後進国との決定的な相違であった。先進諸国においては、長期の試行錯誤を経て借地権の漸次的強化（地主・小作関係の近代化）を実現し地主制を制御する途がありえたが、二〇世紀半ばまで解決をもち越した中進国・後進国にとってはその余裕はなく、最も強力な地盤支配権である土地所有権を分割・配分することがほとんど唯一の方策であったからである（後進国はそれすら維持できないケースがほとんどであった）。土地問題とその解決形態にも中進国性（もしくは後進国性）は貫いていたのである。

先進国においては、農地をめぐる所有と利用のあり方は、長い歴史過程のなかで市場経済により適合的なものへとリニューアルされてきており、ドイツの東部地域（旧東ドイツに重なる）を除けば固有の土地改革を必要とする状況は乏しかった。後進国では、戦前期にはその多くが植民地であり、宗主国は地主を植民地支配の中間管理人として利用するケースが多かったから、土地所有者の支配は容易に揺るがなかった。第二次大戦後には、植民地支配からの自立を実現した新政府によって大土地所有の解体＝自作農の創出を内容とする土地改革が取り組まれたが、ほとんどの国では財政力がともなわないため改革自体が中途半端なものにすぎず、大土地所有者の政治経済支配を解体するに至らなかった。しかも、獲得した農地所有権を維持する安定性に欠けたため、再地主化という逆行すらおこった。これらの国々において土地改革は、依然として現代的課題であり続けている。

以下、日本農地改革の中進国的特徴を二つの側面から述べたい。第一は、農地改革前史である。大正期以来地主制に対する強い抵抗運動が小作争議のかたちで噴出しており、農政の側も早い時期に地主制を制御する決意を固めていたこと、およびそれが大局的には土地所有権獲得（自作農化）の方向へ傾斜していったことの確認である。第二は、農地改革は「財産権の侵害であり憲法違反」だとする激しい違憲訴訟にみまわれたことである。最終的に最高裁が「公共性」を理由に合憲判決を下すことにより決着した。これらの意味について述べたい。

2　戦前期農地問題の性格

〈ILO第三回大会での日本地主制討議〉

大正期に高揚した小作争議（近代地主制批判）については第

三章で述べたが、ここでは、小作争議をとりまく全体状況の一コマとして、やや意外と思われるであろうエピソードを紹介しておきたい。それは、農業労働者問題を主要議題にしてジュネーブで開かれたＩＬＯ(International Labour Organization 国際労働機関)の第三回総会(一九二一年)に日本の小作代表が参加したこと、およびそこでの議論概要とその波及効果についてである。

林(二〇〇〇)によれば、ムラレベルでつくられていた小作組合が全国組織(日本農民組合)を立ち上げるうえで大きな支えとなったのが、ここへの参加であった。経緯は複雑であり全貌詳細は前掲書にまかせざるをえないが、同総会には、日本からも政府代表と使用者側代表および労働側の代表が参加した。そして第三回総会は初めて農業労働者問題を扱ったので、労働側の代表として小作農の利害を体現する者(松本圭一)が出ることになった。松本は、ＩＬＯ事務局から出された原案に対し小作農が農業労働者に含まれることを明示すべきことを主張し、その結果、「満場異議なく」「農業ニ従事スル一切ノ者」という表現に変更されるという画期的な成果を収めた。興味深いのは、全体状況を把握しそこねた日本の政府代表や使用者側代表が松本提案を受け入れず、「労働代表は賛成、使用者代表は反対、そして政府代表は棄権」(二一三頁)と三分解したことである。採決の結果、賛成九二、反対五、棄権二という圧倒的多数で可決され、日本政府は「大狼狽」「大醜態」を演じることになった。これらの事態が日本政府多数派の現状維持的な農業問題認識に「世界の大勢」という点から「一つの風穴をあける」(二一九頁)ことになり、日本農民組合の結成にも間接的にせよ確かな追い風になったと言う。そして、このような国際舞台まで見据えた遠大なプランニングの背後には石黒忠篤がいた、というのが林(二〇〇〇)の示し[17]

た政治的見取図であった。

一方では小経営者である小作農を「農業労働者」とみなさざるをえないという現実があり、他方では「世界」の圧力を使って事態の打開をはかろうとする小作農の代表が存在し、さらにはそれ(外圧)を農政の変革につなげようとする官僚がいる——これもまたまことに中進国的な構図であったと言えよう。

〈農地問題の自作農化への収斂〉 日本ではイエとムラに支えられた農業主体の力量は極めて高く、自らの経営的社会的前進を獲得するための多様な運動を積み重ねてきた。それに対応して政策(国)の側も、農政局を中心に一九二〇年代(大正期)においてすでに、〈寄生地主制(とくに巨大地主と不在地主)の抑制と生産者の重視〉に農政の基本方向を転じる意志を固めてきていた(農政局の先進的改革派、たとえば和田博雄)以後、運動と政策は(半ば呉越同舟ではありながら)相互にフィードバックしあいつつ、「自作農化」を基軸に置いた土地改革構想を現実化させてきた。[18] これは「後進国」にはみられない、土地改革主体の着実な形成である。

農業経済学的見地からは農地所有の不生産性・不経済性が指摘され、運動の側からは農地所有がもたらす保守化が忌避されたが、耕作権(地主・小作関係)近代化の方向は主流にはならず、農民は押しなべて自作農化(農地所有権の獲得)に向かった。農政の側では、戦前期小作農民の困難は直接には土地問題として現象したうえ、「農家(イエ)の家産願望」と「ムラの土地所有回復(不在地主の一掃)欲求」は実に強いものがあったから、それは必然的方向であると言えた。これらの意味において、戦後農地改革は近代地主制の圧力を除去するものであるばかりでなく、それが破壊した家産(イエの構成要素)を改めて再分配するものであり、そのことを通じてイエを再確立するものでもあったのであり、ここにラディカリズムを超えた大きなリアリティがあったのである。

これまでみてきたように、日本農民は「〈イエの土地〉所有」と「〈ムラの土地〉保全」の両面を同時に追求し続けてきたのであり、本来、「孤立した私(わたくし)的土地所有」として創出されるべきものではなかった。小倉の問い⑤(序章第一節参照)が「近代化は一九五二年(農地法)で終わり」と述べたのは、このことを問題にしたものである。小倉の言う「近代化」とは「個別化」(個々の農地所有権の設定)のことであり、「終わり」とは「個別化で終わらず『土地所有の新しい共同性』を模索する営為が連続しなければならない」ということである。しかし、「個の自立」への絶対的な信頼と「ムラこそファシズムの温床」とする短絡的理解に支えられた米占領軍の戦後改革は、ムラ結合に立脚した各種農村組織を敵視することによって、自作農化とムラの土地管理との連関を切断した。新たに制定された農業協同組合法(一九四七年制定)は、農林省原案にもられていた農家小組合(農事実行組合)を構成単位から排除することによりムラによる土地管理の方向を遮断し、農地改革の成果を恒久化すべく制定された農地法(一九五二年制定)は「成果の恒久化」すなわち「統制能力の完成度」をひたすら追い求めるものとなり、地域視点も経営視点も欠いた「地片管理」(官僚的管理の合理性)という性格を強めることになったのである。(19)

3　違憲訴訟をくぐりぬけた土地所有

前章でみたように、農地改革には一一九件もの違憲訴訟（既墾地関係）が提起された。これらが最終決着をみたのは最高裁で合憲判決が出された一九五三年のことであり、国内法との整合性という観点から言えば、この時点に至ってはじめて農地改革はその正当性が確認されたのであった。最高裁が合憲だとした根拠は、「農地改革は小作層だけを利するものではなく、その効果には公共性がある」ことであり、「公共性」とは農業生産力の発展（食料問題の緩和）と民主的農村の建設（社会平和の実現）の二つをさしていた。自ら（個人のみならず社会）の歩んできた現実過程（歴史）になんらかの責任を分かち合おうとする見地からすれば、戦後日本の農地制度がかかる「正当性」に裏づけられることにより、極めて「強力に」創出されたものであることを忘れるわけにはいかない。戦後農地制度史のなかで農地改革合憲判決が振り返られることはほとんどないが、いくら戦前来の農民運動と農政の流れに根差した「不可避」の変革であったとはいえ、さらには敗戦という国家的危機により現実化しえた改革であったとはいえ、このようなラディカルな土地改革を受容した／しえたことの意味はなんであったのかを示す、現代農地制度の「原点」として参照されてしかるべきであろう。

三つの論点を指摘しておきたい。

第一、これ（最高裁判決における「公共性」評価）は第三章で示した戦前期日本の土地問題のありようからみればやや過大であるようにもみえよう。小作農民の土地要求は食料自給率の向上とも社会平和とも直接の関係はもたなかったからである。しかし、国家レベルでみると、土地所有がこのような巨大で包括的な権能をもったものとして立ち現れているのは後発諸国に共通する特性である。後発諸国では近代化自体が農業・農村収奪に立脚する度合いが高いうえ、かかる問題状況に対し取りうる手段が限定されているからである。したがって、日本より後発的な諸国における土地改革の意味はさらに大きく多面的なものとなる。

第二、かかる土地支配(地主制)に対抗して農民運動が土地所有を要求する場合、「地主の近代的土地所有」(排他的私的所有)に対し「農民の近代的土地所有」(同)を対置するとすれば、それはミスマッチである。非農業領域の民衆的共感は得られにくいし、また長い歴史過程がつくり上げてきた「自然と人間との関係性」自体を破壊しかねないからである。ところが、農地改革当時(そして現在も)かかる論点への関心は非常に乏しかった。直面した最大の猛威は「小作地引上げ」であり、密かながら強烈な願望は「家産の回復」にあったし、先に述べたように日本の戦後は過剰に「個の自立」を鼓吹した時代であったからであり、さらにはかかる状況を乗り越えるには「学」がなお未熟であったからである。しかし他方、本書で幾度も強調したように、日本農業・農村史のなかには「ムラの土地を守る」「土地所有の根拠は土地を利用すること」という伝統が深く貫いてもいた。中進国では(むろん後進国では一層)、この両極―近代化の「圧縮」的促進と伝統への自覚的立脚という困難が求められつつ、通常は前者が圧倒する。

そのような事態を打破する貴重なきっかけを与えてくれたのが、最高裁判決ではなかったと私は思う。

「公共性」などと多分に国家的臭いをまとった表現ではあったが、「農」はミクロ経済学的合理性に収まるものではないことはむろん、マクロ経済学の領域をも越え「社会」への寄与が評価されるべき存在であることを指摘したという側面をもつからである。農地改革合憲判決は土地所有の「公共性」という思想を言わば伝統的土地観念に立脚しつつ先取りすることにより地主的抵抗を乗り切ったと意義づけられる。現在の日本農業・農村の困難の一つに「土地所有・利用の私的分断」(農地分割や遊休農地および不在地主の不明化など)がある。かかる事態を招いた政策(国家)の責任は決定的であるが、先の論点(ムラの土地/所有とは利用すること)を深めるセンスをもたなかった運動と学問の責任もまた大きいと言わなければならないと私は思う。

第三、「土地所有の新しい公共性」の現実化という観点から言えば、一九五三年農地改革違憲訴訟の敗北(農地改革の合憲性確定)前後の数年が重要であった。農地所有の社会的性格(生ける法)の意味を再評価しつつ新たな農地保全システム(地価と潰廃の統制)を定置する最大のチャンスは、「農地改革＝戦後自作農的土地所有の公共性」が一大争点を形成した当該期であったと考えられるが、学も農政もこの決定的なタイミングを逸したのである。「近代化は農地改革で終わり」という小倉の言葉(小倉の問⑤)を受け止めることができなかったとも言えようか。

注

(1) 主権性をもった(通常、国民国家としての)参入こそが問題であって、植民地が宗主国を通じて世界市場に編入されるケースは、当然ながら含まない。

（2）過剰人口がビジブルになるのは生活に対する市場経済の影響力が強まり、「生活水準」によるふるい分けが顕在化するからである。過剰人口があるレベルにとどまっておれば、それはむしろ経済発展にとって有利な条件となる（低賃金労働者の確保）。したがって、近代化にともなう過剰人口は経済発展と並行して形成される側面があり、その意味で「相対的」過剰人口という性格をもつ。自給社会や巨大災害において発生する「絶対的」過剰人口とは明瞭に区別される。

（3）「ムラの忌避」とは旧藩政村の自立性・割拠性を嫌い明治近代国家の基盤たる行政町村を生み出すために行なった明治初期の内務省系列の諸政策――旧藩政村の合併による明治行政村の設定および部落の社寺（信仰）と部落有林（財産）の行政町村への強引な統合などをさし、「ムラの積極利用」とは大正期以降の農家小組合（ムラ農業組織）の奨励と農山漁村経済更生運動における実働部隊としての位置づけおよび産業組合法改正による法人化した農業小組合加入の認可などに代表される農林省系列の諸政策をさす。ムラの位置づけをめぐる内務省と農林省の対立は重要論点であるが、「農村」に目線を置く本書では省略する。

（4）日本では地租改正（土地改革）が松方デフレを経て近代地主制に帰結したため、土地改革自体が近代市民革命を経験した西欧諸国に比べ「不徹底」であったと言われることがままあるが、それは間違いである。日本の近代土地改革（地租改正）は領主的土地所有を完全に一掃し、農地はほぼ一〇〇％農民（近世においては地主も同じ農民身分である）のものとなったが、西欧諸国では在地領主制が維持されたため領主的土地所有は残存した。これは最も典型的で徹底した市民革命と称されるフランス革命でも同じであり、「西欧＝土地改革の徹底」という今なお残る「常識」は、かつてのユーロ・セントリズムの名残である。「徹底した土地改革」を経た近代日本では、その結果ある種の「大衆社会」状況が生み出されたが、「不徹底な土地改革」の近代西欧諸国では貴族的・領主的な文化や社会秩序が色濃く継承されることになったのである。

（5）「経常歳入」に対する「地租」比重を算出すると、明治五年度（正確にはこの時点では「年度」という表記は使っておらず「第六期」と言う。明治五年十月から翌六年九月までである）で八七・二％、明治十年度（同年七月から翌年六月まで）で七五・二％となる。以後漸減するとはいえ、明治三十年度（同）で七四・二％、明治三十五年度（同）で六八・三％であった。明治財政史編纂委員会（一九七一）より算出。

（6）平野（二〇〇四）は、一八世紀末のいわゆる「関東農村の荒廃」と言われる現象が、単なる荒廃ではなく、指導部の強いリーダーシップと村民の相互信頼と綿密な計画に裏づけられ、世代をまたがる長期展望をもった「計画的撤退」であったという事例を明らかにしており、衝撃的ですらある。

なお失地請戻慣行とは、次のようなものである。現代では土地に限らず物品を質入れする際、請戻し期限内に請戻しができなければ質流れとなり、担保物件の所有権は移転してしまうが、江戸時代には必ずしもそうではなかった。期限が来ても請戻しできず、その時点で質流れにしてしまった土地でも、それから何年経とうが元金を返済しさえすれば請戻せるという慣行が広く存在していたのである。これを請戻慣行と言う。現代に比べれば不安定であった当時の農民（百姓）経営の没落を防止するために、このような慣行が形成されたと考えられる。以上、渡辺（二〇〇八）。

（7）第二章でふれたように、日本では耕地（農業）と山林は特殊な関係にあった。日本の平場農村では可能な限り耕地化がすすめられ飼料の多くを山に求めていたから、近代に入って山の林地化がすすむにつれ（畜産物の需要増加にもかかわらず）本格的な畜産業を発展させる余地（広大な草地）を逆に減少させたとすら言える。このような隘路を縫うように発展したのが上述の集約的農民的畜産であり、さらに水田農業から供給されていた濃厚飼料を完全に海外に委ねるに至ったのが現代の「加工型畜産」と言えよう。このように考えれば、将来的には農・林の接点として粗放的な山地畜産のあり方をさぐることが、(作物を失った)農・(労働力を失った)林・(草地を欠いた)畜のいずれにとっても必要になるのかもしれない。

(8)「約一万台」とは清水(一九五六)の表現だが、同論文に掲載されている一九四三年の動力耕耘機普及台数は七四三五台である。多い順に、岡山(二二四八台)・福岡(一三七六台)・新潟(三八六台)などとなる。まずは干拓地(岡山)と労力逼迫地帯(福岡)で導入がすすんだと言えよう。

(9)風早八十二の見解を、柳澤(二〇〇八)の叙述を借りてみておきたい。柳澤によれば、風早は日本とドイツの差を次のように理解していたと言う。

……ナチス政権掌握時においてドイツの資本機構は、すでに高度化しており、重工業化・機械工業化は高い水準に達していた。そのため政策の中心は、重工業化それ自体にはなく、むしろ食糧確保のための農業生産拡充、そのための非工業部面への労働力の配置に置かれていた。……これに対して日本の機構改革は、軍需生産力拡充と物資需給調整及びこれと関連する価格統制を目的としている。軽工業が産業構成の中心であった日本では、産業の新機構の創出は、何よりも重化学工業化を不可欠の内容とし、「重工業化」と「機構編成替え」との同時的な実現が要請されている……

ドイツでは、一九四四年夏を過ぎると「ハムとソーセージなどの食肉に関しては入手が困難」になったが、「パンとバターは、質はともかく量においては平時の状況に匹敵する状況であ」り、「食糧配給水準は一人あたり二二〇〇~二三〇〇カロリー」を維持した(足立二〇一三予)。他方、日本では米(主食)にすら事欠き、一九四四年三月における配給カロリーは一四〇三カロリーであった(野本二〇〇三)ことと比較すれば、その差は歴然としているといわねばならない。さらに近年の西欧の学界では、第二次世界大戦期の農業について、西欧=成功例、日本・アジア=失敗例/〈ナチス占領下ですら飢餓を発生させなかった西欧〉と〈戦争がしばしば飢餓に直結したアジア〉という対照的な評価がなされている(前掲足立)。なお、総力戦体制期における農林資源問題とその比較史については、野田編著書(二〇一三予)を参照されたい。

(10) 出所は、東畑(一九五六)、坂根(二〇一一)によった。

(11) 帝国農会(一九二八)にも同様の調査が掲載されているが、福岡・高知が欠落しており千葉は一九二四年ではなく一九三〇年と記載されている。棚橋(一九五五)は調査機関によって若干の違いがあるとしているが、ここでは福岡・高知が含まれている農林省農務局(一九三六)を採用した。

(12) 一九二五(大正十四)年における農家小組合数は七万九六九〇であるが、注意すべきはこの数値には養蚕組合数が含まれていないことである。同年における養蚕組合二万一六〇〇を足すと合計一〇万一二九〇となる(棚橋一九五五)。

(13) 棚橋(一九五五)には「(設置が政策的に奨励されることにより―野田)中には天降り的・形式的に設置されたものも見出される」との指摘があるが、棚橋自身が、そのような問題を一部にはらみつつ大正期小組合は量質ともに大きな発展を遂げたことを強調している。

(14) 序章で述べたように、ムラの系譜論的性格が解明されたわけではないので、このパラグラフの説明はやや強引である。はっきりしているのは、明治国家(内務省)が近世村由来の自立性を忌避したこと、大正期には農業的共同としてのムラが勃興したこと、そして後者(農家小組合)は経済更生運動以降の農政の「実働部隊」へと編入されたことである。他方喜多村(一九九九)によれば、昭和の時代になっても、徴兵の名誉に万歳を叫ぶ行政村(村役場)における態度と、徴兵された不運を近隣者で嘆く場としてのムラ(の祠)との使い分けがなされていた。この点から言えば、ムラが国家に回収され切るなどという事態は容易にはおこりえなかったのである。

(15) 小倉・近藤の表現に接して、二つのことが気になった。一つは、戦後「民主化の時代」に農村の保守性・家父長性・封建性が問題にされ批判・克服の対象となったことについてである。それは、当時の「民主化イデオロギー」の産物であったことは間違いないが、もしかすると、小倉や近藤が言うような戦時農村の保守化・権威主義化というムラ自体の「実態変化」が反映した側面があったのかもしれない。

二つは、その後の時代にみられた逆の現象、すなわち手のひらを反転させたような牧歌的な農村理解に対してである。「国の家父長主義」とか「戦時下につくられた農村の保守的雰囲気」とかの表現からは、あたかも江戸時代の村請制下の農村のように対応することを強いられた(供出・配給システムのことである)農村社会に固有の(都市社会にはみられないような)深い緊張感が読みとれるように思う。高度に持続性(固定性)をもった共同関係は、日常的な不足を種々補い合う点においても、稀に直面せざるをえない危機においても最大のセーフティネットとなることは間違いないだろうが、許容水準を超えた難題を持ち込まれたときには、それにこたえようとする姿勢が強ければ強いほど恐ろしい強制の道具にも転化するであろう。

小倉・近藤の言葉は、そのような側面(ムラ機能のあり方自体が条件規定的なものであること)を垣間みせたものかもしれない。

(16) たとえば川俣(一九四三)。そこでは「朝鮮人の農業定着」が時代を反映した新しい論点として注目され、調査結果が収録されている。

(17) 一八八四(明治十七)年生まれ。一九〇八(明治四十一)年東京帝国大学法科卒業、同年農商務省入省。一九一九(大正八)年農務局農政課長、一九二四(大正十三)年同小作課長に就任。その後、一九三一(昭和六)年農林次官、一九四〇(昭和十五)年には第二次近衛内閣農林大臣、一九四五(昭和二十)年鈴木貫太郎内閣の農商大臣を歴任し、一九六〇(昭和三十五)年死去、享年七十六。

小作争議が高揚し地主・小作問題が大きな社会問題に浮上していた大正期、農務局農政課長・小作課長として地主制の抑制と小作農の経営的政治的強化をめざした。農政史上「石黒農政」とよばれる画期を築き、戦時・戦後の日本農政をリードした改革派官僚の多くが石黒の影響を受けた。林（二〇〇〇）の推測が正しければ、石黒は小作運動と国際世論の双方を使うという大きなスケールのなかで、地主制の制御を構想していたことになろう。

(18) 一九四三年に開始された自作農創設事業第三次施策では小作地開放規模が全小作地のほぼ五割レベル（いわゆる第一次農地改革と同等）へと飛躍的に拡大された。

(19) 農地法は「土地の現況」に即してその土地の権利移動や転用および土地利用を規制するものであり、厳格な統制的性格をもっている。これはそれ以前の農地制度にはなかった強力な農地保守の制度ではあったが、他方「現況」自体が変化してしまった事実をつきつけられた場合には効力を失するし、地域の土地利用全体の調整という機能はもっていなかった。かかる欠陥を補う意味をもったのが農振法（農業振興地域の整備に関する法律）による用途主義による農地管理手法であった。このような農地改革が生み出した自作農的土地所有の特異性に注目し「農地法的土地所有」と命名したのは梶井（一九七七）であった。官僚的農地管理の特徴を「台帳による一筆管理主義」だと特徴づけたのも梶井である。かかる「形式化」は、土地管理にかかわるムラ的＝空間的な側面と主体的側面を弱化させることになったであろう。また渡辺（一九七五）は、高度経済成長が農地所有を「資産的土地所有」へ変質させたことを問題にした。

なお、農林省の農家小組合重視路線が通らなかったことに、「日本における農地所有の社会性」という論点を陥没させた一つの根拠を求めたが、実際には、戦時下に生み出された農村の権威主義・保守主義を問題にした小倉・近藤の観察からしても、「民主化」という契機を抜きにはできなかったのであり、かかる側面に対する自覚が乏しかった農林省案が通ればよかったということに直結することはできない。

〈引用文献〉


足立芳宏「戦時ドイツの農業・食糧政策と農林資源開発―食糧アウタルキー政策の実態―」（野田二〇一三予）

阿部英樹『近世庄内地主の生成』日本経済評論社、一九九四年。

池本裕行「近世地主制の形成と縄延び地の存在―縄延び地を含む小作米収取慣行の成立に着目して―」『農業史研究』四五号、二〇一一年。

岩本由輝『村と土地の社会史―若干の事例による通時的考察―』刀水書房、一九八九年。

磯辺俊彦『むらと農法変革』東京農大出版、二〇一〇年。

伊藤淳史「戦時体制下農民の意識と行動―道府県農会報を題材として―」『農業史研究』三五号、二〇一〇年。

大島真理夫『土地希少化と勤勉革命の比較史』ミネルヴァ書房、二〇〇九年。

小倉武一『小倉武一著作集　第七巻』農山漁村文化協会、一九八二年。

梶井功『農地法的土地所有の崩壊』農林統計協会、一九七七年。

同　『土地政策と農業』家の光協会、一九七九年。

川口由彦『近代日本の土地法観念』東京大学出版会、一九九〇年。

川俣浩太郎『農業生産の基本問題』伊藤書店、一九四三年。

喜多村理子『徴兵・戦争と民衆』吉川弘文館、一九九九年。

近藤康男『近藤康男　三世紀を生きて』農山漁村文化協会、二〇〇一年。

齋藤仁『農業問題の展開と自治村落』日本経済評論社、一九八九年。

坂根嘉弘『〈家と村〉日本伝統社会と経済発展』農山漁村文化協会、二〇一一年。

桜井武雄『日本農業の再編成』中央公論社、一九四〇年。

清水浩「機械化の進展と退化」農業発達史調査会編『日本農業発達史』第八巻、中央公論社、一九五六年。

鈴木栄太郎「部落の構造と部落農業団体の性格」『帝国農会報』一九四一年十一月号。

棚橋初太郎『農家小組合の研究』産業図書、一九五五年。

筒井正夫「地方改良運動と農民」西田美昭／アン・ワズオ編著『二〇世紀日本の農業と農民』東京大学出版会、二〇〇六年。

帝国農会編『農家組合』一九二八年。

東畑精一「農業人口の今日と明日」有沢広巳他編『世界経済と日本経済』岩波書店、一九五六年。

農林省農務局「農家小組合ニ関スル調査」一九三一年。

同　「農家小組合に関する調査」一九三六年。

野尻重雄『農村教育と農民道場』明治図書、一九三九年。

野田公夫編著『農林資源開発の世紀―「資源化」と総力戦の比較史―』『日本帝国の農林資源開発―「資源化」と総力戦の東アジア―』京都大学学術出版会、二〇一三年発刊予定。

野間万理子「滋賀県における牛肥育の形成過程：戦前期、役肉兼用時代の肥育論理」『農林業問題研究』四六巻一号、二〇一〇年。

野本京子「都市生活者の食生活・食糧問題」野田公夫編著『戦時体制期』農林統計協会、二〇〇三年。

林宥一『近代日本農民運動史論』日本経済評論社、二〇〇〇年。

平野哲也『江戸時代村落社会の存立構造』御茶の水書房、二〇〇四年。

明治財政史編纂委員会編『明治財政史』第三巻、吉川弘文館、一九七一年。

持田恵三『日本のコメ』筑摩書房、一九九〇年。

安岡健一「戦前期日本農村における朝鮮人農民と戦後の変容」『農業史研究』四四号、二〇一〇年。

柳澤治『戦前・戦時日本の経済思想とナチズム』岩波書店、二〇〇八年。

山田盛太郎『山田盛太郎著作集　第四巻』岩波書店、一九八四年。

吉岡金一『日本農業の機械化』白揚社、一九三九年（のち『昭和前期農政経済名著集』第一七巻として農山漁村文化協会より再刊、一九七九年）。

渡辺尚志『百姓の力―江戸時代から見える日本―』柏書房、二〇〇八年。

渡辺俣治『農会経営と農業問題』橘書店、一九四一年。

渡辺洋三「農地改革と戦後農地法」東京大学社会科学研究所編『戦後改革　6　農地改革』東京大学出版会、一九七五年。

補章　E・トッドの世界類型論から農業問題を考える

世界を類型的視点からとらえることの意味について、社会人類学者E・トッド（一九九三ほか）の見解から学びたい。(1)

かつて私には、類型的な考え方を持ち込むことに抵抗感があった。一つは、人間集団の価値的な序列づけ（優劣という考え方）に結びつきかねないというおそれがあったからであり、二つは、（それと表裏をなすが）「変化」への感受性を弱め、安直な本質論的・宿命論的な議論に途を開いてしまうのではないかという危惧も抱いたからである。事実、直近の日本の歴史においても、西欧文明を嘲りアジア文明に尊敬を払わず、日本文化の固有性・優秀性・不変性を誇り、東亜のリーダーたらんとする狂信的なナショナリズムが強い影響力をもった一時代があった。しかし、このような懸念は、トッドの「形式的」（没価値的ということである）かつ「動態性」(2)をもった類型論に接して、大幅に解消された気がしたのである。

一　トッド類型論の論理

トッド類型論の特徴は、第一に、思弁ではなく徹底して諸現象のなかから帰納的に抽出されたものであることである。このこと（類型抽出の技術的・形式的性格）が、それまでの類型的思考にまとわりついていた「価値」の観念から自由にさせた。トッドはヨーロッパを約八〇〇のメッシュに（全く形式的に）区切り、その各々に歴史的に累積したさまざまな（現時点で把握できるあらゆる）諸事象を落とし、それらの諸事象にみられる相関関係を計測した。その結果、さまざまな社会事象のあり方は、彼が考察した約五〇〇年にわたり、基本的に当該地域の家族類型の差異から説明できることを発見した。

第二は、その意味（類型を成り立たせる根拠）を家族がもつ次のような機能から説明したことである。家族は人間社会を構成する最も基礎的な単位であるが、それは人間社会を成り立たせている「縦の関係」と「横の関係」を「親子関係」「子ども間関係」として本源的に含むものであり、そこで学習される「縦・横」の社会関係こそが、さまざまな事象に対する処理の仕方・受容の仕方に大きな影響力を与える、と。そして、これらの家族関係のあり方を規定する因子として相続形態（単独相続・均分相続および遺言に基づく相続）を重視し、さらに他集団とのかかわり方をみるための副次的指標として婚姻形態（内婚制か外婚制か）を加えた。その内容を、表補－1に基づいて概括したい。

「親子関係が権威主義的か自由主義的か」と「子ども間関係が平等か不平等か」を指標にしてマトリ

表補-1　家族人類学的視点からの世界類型(E・トッド)

		親子関係	
		権威主義的	自由主義的
子ども間関係*	平等的	共同体家族　①	平等主義核家族　③
	不平等的	直系家族　②	絶対核家族　④

注）トッド(1993)より作成。
＊「兄弟間関係」という表現を言い換えた。

ックスをつくれば、①権威主義的／平等的、②権威主義的／不平等的、③自由主義的／平等的、④自由主義的／不平等的、という組み合わせで示される四つのタイプに分かつことができる。以下、トッドの説明を聞こう。

①は、父の強大な権威のもとに大家族(とりわけ男子)が平等に結集する共同体家族類型である。トッドが直接考察の対象としたヨーロッパでは中部イタリアなどわずかな地域に分布するレアな類型でしかないが、世界的にはその東部に広がるスラブ地域(旧ソ連と東欧)や中国に広範な分布をみせる有力類型である。四類型のなかでは最も強力な権威性(縦の結集軸)をもつこと、およびかかる権威性と大家族における広範な男子成員同士のフラットな関係が並存することがこの類型の特色であり、その基礎には男子均分相続制がある。

②は、父が権威をもつことは①と同じであるが、子どもを「差別」する点で異なっている。長子単独相続を典型とする直系家族類型(ゲルマン社会)がそれであり、ここでは特定の子弟に家産継承という「特別の役割」を期待する。家産が確実に世代継承されるという点で最も安定的な社会であり、世代継承によって生み出された家族の安定性は先祖と伝統への尊敬を生み、近しい人々によって構成され保持される生誕の地にハイマート(故郷)の感情を付与する。そして、この地における継続性と継承性の高さは、蓄積力の高さと教育への情熱を生む。またこの

社会では、①ほどではないが、「権威」(縦の結集軸)が社会の重要な構成要素となる。

③は、親子関係は自由主義的であり、子ども同士は平等な平等主義核家族類型である。均分相続が「子ども同士の平等」を担保している。この類型が典型的にみられるのは国単位で言えばフランスであるが、フランス自体は南部と北部で大きな性格差をもっているため、北部フランス、正確には「パリ盆地のフランス」と言うべきである。この類型の注目すべき特質は「子ども間の平等への関心」であり、この点で同じ自由主義的な親子関係をもつ④類型とは決定的に異なっている。フランス革命のスローガン(三色旗)は自由・平等・博愛であったが、自由とともに平等・博愛が等置されるところに本地域の特質が端的に表現されている。

④は、親子関係は自由主義的であるが「子どもたちの平等には無関心」な絶対核家族類型(アングロサクソン社会)である。この類型の際立った特徴は、自由という価値の突出であり、平等という価値の看過であるが、その基礎には遺言(恣意)に基づく相続慣行がある。もちろん平等という言葉は使われるが、その意味は「機会の平等」に収斂し、「結果の平等」は競争のもつ健全性を失った社会主義的な価値であり、遠ざけるべきものと受け止められる。ここでの平等は「自由を妨げない範囲に縮小される」のである。したがって、先述の「子どもたちの平等には無関心」とは、「機会の平等さえ保証すれば結果の不平等には無関心」と言い換えることができる。

⑤日本への応用：西欧を対象にしたトッドの実証分析にはむろん日本は含まれていないが、日本に対する言及も随所にある。それは日本がゲルマン社会と同じ直系家族卓越地帯であるため、ゲルマン社会

との類比において十分に応用可能だからである。実際、日本についても②で述べたことがほぼあてはまるのではないか。たとえば中根千枝は日本社会を「縦社会」として特徴づけたが、トッド流に解釈すれば、これこそが直系家族地帯に共通する類型的特質としてより普遍的に語れることになろう。

先に述べたように、トッドは内婚制・外婚制（その社会がいとこ婚を許容するかどうか＝インセストタブーの境界線をどこに引くか）にも目を配っている。ドイツ社会は厳格な外婚制をとるが日本社会は内婚制を許容する。この差異は社会集団のもつ凝集性／排他性の性格の違いを生む。すなわち、日本社会は一方では深い相互理解に支えられた温かで凝集力ある諸集団を生み出すが、同じことが、一見して判別できないようなレベルの「差」をもかぎ分ける性癖を生みやすく、同じ「民族」内部ですら深くインビジブルな差別を持続させる傾向をもつと言うのである[3]。当然地縁的凝集性の強い日本のムラもかかる批判に自覚的でなければならないであろう。トッドの日本論は、日本社会の深部に十分到達しているのではないか。

二　社会問題の状況的差異を読み解く

1　社会／国家形態への脈絡

上述の④類型（アングロサクソン社会）では「機会の平等」さえ保たれれば、たとえ「結果の平等」が阻害されようとも決定的な社会不安には結びつかない。ここでの価値規範は「自由」（の突出）であり、平等は固有の意味をもちえないからである。他方、「平等」という価値規範を無視できない①類型（スラブ社会）や③類型（パリ盆地フランス）および直系家族の規範に貫かれた②類型（ゲルマン社会・日本社会）では、突出した「自由」がもつ差別性は社会不安を助長するために、「自由」の横暴には注意を払わざるをえない。ここでは、しばしば「平等」という観点を意識的に導入することにより社会の亀裂を緩和することが必要とされる。

他方では（父親の）「権威性」に着目すると、①類型（スラブ社会を典型とし中国がそれに準じる）は権威主義との親近感が最も強く、しばしば専制性を帯びた国家／社会になる（スターリニズムやマオイズムの基盤）。それよりも程度は低いが、②類型（ゲルマン社会／日本）にも権威主義を受容する風土があり、ナチズムの成立や天皇制の受容はその一つの表現であったということになる。日常においても、中根千枝が「縦社会」とよぶような社会構造を生んだ。ここでは、ある種の縦の論理（権威性）が人と人との結びつきを構成しその安定に寄与するのである。

ちなみに、「先進国化」にともなう近年の少子化（縮小再生産）傾向への反応をみると、権威主義が弱いだけでなく平等という観念の受容度が高い③類型のフランスが、他類型に先駆けて再生産能力を回復し人口増に転じたことが興味深い。それは、現代経済／社会のもたらした家族（とりわけ女性）負担の増加を、男女両性の協力と結婚の実態さえ備えていれば法外婚を権利上差別しないというフレキシブルな制度的サポートによって解決することに成功したからである――トッド流に言えばこのようなことになるであろう。

2　経済形態への脈絡

④類型（アングロサクソン社会）における「自由」（の独走）は、市場原理とフィットし、ここでは市場原理の無媒介な貫徹を許容できる稀有な社会が形成される。経済原論の想定に最も近似的な世界であると言えよう。一握りの成功さえあれば、たとえ圧倒的多数が没落に瀕しようとも「アメリカンドリーム」が共通の希望として機能するのである。デレギュレーションの先陣を切ったのがレーガン（アメリカ）とサッチャー（イギリス）であったのは、このような理解からすれば当然のことであった。しかし他の類型では、独走する「自由」がもたらす格差は深刻な社会不安を惹起するため、その溝を埋め合わせるなんらかの調整システムが必要となる。①類型で権威主義が機能するのは多数の平等があってこそであるし、②類型における子どもの差別は家族の永続性を保証するためである。④類型の突出した「自由」に対し最も自覚的な批判を投げかけるのは③類型（パリ盆地フランス）であるが、それは、ここでは「子どもたちの平等」が自立した観点として存在しているからである。③類型では、市場に積極的に対応しながらどう平等性を担保していくか――両課題のバランスを確保することが基本スタンスとなる。

ソ連邦の崩壊が資本主義vs社会主義という対抗図式を無意味化したことは当然であるが、注目すべきは東西対立の緊張感が解けた後、資本主義にも社会主義にもそれ自身のなかに大きな多様性があることが理解され、その差異に関心が寄せられてきたことである。たとえば、一九九一年（原著刊行は一九九九一年）にミッシェル・アルベールが刊行した書物のタイトルは『資本主義対資本主義』であった。[4] 著者は当時フランス政府の経済顧問であり、言わば「第三者の目」から、出自（出自を問題にしているところがアルベールの面白さである）もエートスも機能も明瞭な差異をもつ二つの経済形態を見出した。企業の性格について言えば、「『利益を得る』という、はっきり特定された機能を与えられている」ものと、「（利益を得ることのみならず―野田）雇用をすることから、国の競争力のことまで含まれる」（二八頁）ものという違いであり、経済活動の性格について言えば、「二つの資本主義のいちばん大きな差は、それぞれが現在と未来に与える価値の違い」であり、具体的に言えば「マネーゲームの世界、つまり個人のリスク、商品としての冒険、長期航海の世界に属している」ものと「共同の連帯の追求に徹し、この安全の網の中でより良い未来を探っていくもの」（二八〜二九頁）といった相違である。前者はアメリカ・イギリスを中心とする「アングロサクソン型資本主義」、後者はドイツ・オーストリア・スイスなどの「アルペン型資本主義」であり、日本は後者のグループに入ると言う。興味深いのは、アルベールの資本主義分類がトッドの四類型にぴったりと重なることである。アングロサクソン型はもちろんトッドの④類型そのものであるが、アルペン型諸国はいずれも②類型に属するのである（スイスでも直系家族が大部分を占める）。

三　農業・農村構造の諸類型

これらの諸類型が生み出す農業構造上の差異については次のような指摘がある。

〈小作農制・三分割制〉　ここでは小作農制の極点としての三分割制について述べる。三分割制とは、資本（農業資本家）・土地（地主）・労働（農業労働者）という三つの生産要素が分離し、農業資本家のもとに統括された農業形態である。典型的には④類型（イギリス）でみられ、これまで農業資本主義化の最高形態とされてきた。実際に生産諸要素の流動性は極めて高く、競争性に満ちた農業である。しかし実は、三分割制には発展モデルとしての普遍性はなく、平等への無関心と生産諸要素の流動性に支えられた高い競争力を獲得しえたアングロサクソン社会における、しかも膨大な過剰人口をもった一九世紀にこそ可能な特殊形態（一九世紀アングロサクソンモデル）であった。

〈自作農制〉　単独相続を社会通念とする②類型（ドイツ・日本）では自作農制（への志向）が一般化した。ここでは、農地は単なる生産手段ではなく自らの歴史と個性の証明でもあり、世代を超えて継承されるべき「家産」としての性格をもつ。したがって、この地の農民たちは定住性が高く、農村は独特の郷愁をともなうハイマート（故郷）となり、「故郷問題」としての地域問題が大きな関心事であり続けている。終章で再論するが、このような事情を無視したまま、市場原理の適用が規模拡大に直結するかのように錯覚したところに、日本における農業構造政策の大きな弱点があった。

〈自小作農制〉　相続における平等性（分割相続）を維持しながら市場経済への対応を模索した③類型（パリ盆地フランス）では自小作型小経営という形態をとった。ここでは、均分相続による農地所有の細分化と農業経営規模の維持・拡大の必要とを調整することが大きな課題になり、長い年月をかけて種々の便法が工夫され社会慣行として定着した。(5)このような試行錯誤を経て形成された借地制度は、所有権という制約を超えて経営を別途の論理として発展させるための重要な制度となった。このような試練を経て、フランス農業を支える自小作型小経営が形成されえたのである。

〈分益農制・社会主義的集団経営〉　強力な指揮権のもとでの共同労働に馴染んだ①類型（旧ソ連・東欧）では、二〇世紀の初頭から後期にかけて社会主義的大経営が成立した。スラブ圏を覆ったコルホーズ・ソホーズ類似の集団農場は、社会主義農業の原理的形態というよりは、社会主義革命に対して家族類型①がとった対応形態であったと理解できるというのである。そして、一般的には小経営的性格をもっていた中国が人民公社を成立させえた基盤にも、この地における大家族的結合があった。そして集団農場が①類型以外では日の目を見なかったのと同様、資本主義もまた各々の人類学的類型に適合的な形態に変形されてこそ存在できたと言えよう。

〈アジアと西欧〉　トッド（一九九三）は、アジアにおいて「直系家族成分の優越した日本」と「共同体的大家族成分の影響が強い中国」とともに「核家族成分の優越した東南アジア」という三類型の存在を指摘している。農業構造論で言えば、先に述べたような、「自作農制が優越し定着性の高い日本」と「小農的性格が優越しながらもその大規模な再編成を通じ人民公社体制を成立させた中国」（東欧・ロシアに準じる）および「多就業的で流動性が高い東南アジア」ということになる。東南アジアでは均分相続が農業の脆弱さに帰結しているが、同じ相続形態が、西欧では幾多の経緯を経つつ近代借地農制に連なった（フランス）り、（均分のしばりはないにせよ）単独相続制でないことが農業生産要素の高い流動性を生み、極めて競争的な農業を創り出した（アングロサクソン世界）こととの対比が興味深い。ここではむしろ「財」が囲い込まれないこと、すなわち流動性の高さが、市場原理適合的な環境を提供しているのである。

四　補足と留意点

トッド理論が対象地と対象事象にしばられない汎用性をもっていることにつき、補足しておきたい。トッド自身が近年ヨーロッパ世界を越えて発言しつつあるように、同じ指標（家族類型論の考え方）を使うことにより他の世界にも他の事象にも適用可能である。特定の価値判断にしばられないテクニカルな手法として開発されたことの強みである。同時に、これが明らかにするのは家族という人類学的基底に裏づけられた「諸事象に対する感受性と対応方法の差」であるから、各々の社会の質を深くえぐる射程をもっている。俗な表現をすれば、汎用性の高いテクニカルな手法を通じて、「幸せのかたち」は社会によって異なるということを明示したのが、グローバル化時代におけるトッド理論の大きな貢献であるように思う。

なお、これまで乱暴に「国」という言葉を使ってきたが、トッド理論からしても、以上のような差異は「家族類型」に基づくものであり「国」という単位が規定するものではない。「国」は単一の家族類型で覆いつくされているわけではなく、したがって一般的にはその多様性に基づく深い亀裂と葛藤をはらんでいるからである。そして「国民国家」内部の少数者に対しては差別的な構造がつくられがちであろう。しかし、それらの違いもまた、互いの人類学的基底に対する理解を深めることにより、（優劣ではなく）「流儀の差」として理解でき、「違いを認めつつ尊重し合う」関係を築いていくことができる――トッド理論は、そのような希望を与えてくれたと思う。(6)

注

（1）トッド、E（一九九三。原著刊行一九九〇）。それ以降多くの著書が翻訳されている。

（2）ここで「動態性」とよんだのは、トッドの類型論があらゆる社会事象に対する受容力と受容形態すなわち「変化形態・変化方向の類型論」であることをさしている。しかしその土台には家族類型を想定しており、この点では「固定的」であると言える。ただ、長期（おそらくは千年単位の）の歴史過程においては家族類型が中心から周辺へと遷移することを想定しており（トッド二〇〇一）、これを地域の側からみれば、家族類型の変化により社会類型の変化が生まれる、ということになろう。しかし農業経済学が扱いうるタイムレンジを超えており無視しうる。

（3）トッドによれば、ドイツと日本はいずれも直系家族型の人類学的基底をもつ社会であるが、前者が厳格な外婚制（いとこ婚を排除）をとるのに対し後者は内婚制（いとこ婚を許容）を容認する点で、無視できない違いがある。日本社会の排他性は血縁的凝集性を反映して内向的性格を帯びかつ強いのであり、民族的差異が小さいか全く欠く人々に対する深刻な差別を生んだ。前者がいわゆる朝鮮人差別であり、後者がいわゆる部落差別である(ドイツにおけるユダヤ人迫害との違い)。また、地縁の有無・濃淡により人々を区別する(地元民とよそ者)感覚は日本社会を広く覆っている。グローバル化は人の移動・相互浸透を拡大するが、日本社会がこれらの変化をどのように受け止めうるかが重要論点になろう。

(4) アルベール(一九九二)。原タイトルは〝CAPITALISME CONTRE CAPITALISME〟。なお資本主義の類型性という着想を得たきっかけを次のように述べている。「それ以前、スイスは、わたしにとっては、経済リベラリズムの象徴であり、〝何でもできる。何でも通る〟の世界であった。しかし、わたしがスイス支店長に自動車保険の料金政策について話してくれと言った時の驚きは、非常に大きなものとなった。彼は、『そんなものはない』と答えたのだ。なぜなら、スイスでは、自動車強制保険の料金は全社同額であり、これに逆らうことはないというのだ。長年、フランス政府の経済顧問であったわたしが、あらゆる価格自由化のために闘ってきた、このわたしが、驚きで声も出なかった」(一一四~一一五頁)。

(5) 伊丹(二〇〇三)が明らかにしたように、均分相続地帯(フランス)では相続による農地所有の均分化と農業経営の維持を両立させうる社会慣行の形成に長期間の試行錯誤が必要であった。長い年月をかけて近代化(近代への対応)をすすめてきた西欧諸国と、その過程を圧縮し急ぎ追いつかねばならなかった中進国・日本との差はまことに大きかったのである。

なお、本シリーズの坂根嘉弘(二〇一一)は、アジアにおける均分相続地帯における経済発展の困難をクリアに抽出したが、私の視野からは、それはアジアが「過剰」人口問題を克服できない「後進」地帯であったからでもあるようにみえる。世界農業という視野でみれば、単独相続(トッドの表現では直系家族)地帯では主要には「自作型小農」の安定性として結果したのであり、「資本主義的大経営」の成長という視点からみれば、土地所有を経済原理で完全に処理しえた(単独相続のしばりがなく)「遺言(恣意)に基づく相続」地帯であるアングロサクソン優越地域(英・米・オセアニア)が抜きん出ていた。市場原理で処理する工夫を長期間にわたり継続した(せざるをえなかった)「均分相続」地帯であるパリ盆地フランスがそれに次いだのである。この違いは、両地域の置かれた「歴史的ポジションの差」――本書では国民経済として世界市場に参入した時期で「先進」「中進」「後進」に区分した――の反映でもあるのではないかと考えている。

(6) EUの結成と近年の東アジア共同体をめぐる議論について、日独のスタンスの差という点から付記する。トッドは、EUを実現したのは②類型(ドイツ)と③類型(フランス)の歴史的和解――長く敵対関係にあったという経緯にとどまらず二つの人類学的基底の「差異を認知した上での共同」であったことを強調する。かかる隔たりをもつ両者が手を握ったことこそが画期的であり、今後幾多の困難があるにしても逆行することはありえないだろうと言う(トッド二〇〇九)。しかし、そうだとすれば、近年関心を集めている東アジア共同体構想にもこのようなセンスはいらないのだろうか。日本(政府も経済界も研究者も)のスタンスは、「メリットが目に見える経済領域にしぼり、できるところからすすめる」というもののようだが、どこかの時点で「異なる類型の相互関係の構築」という深部からの認識が必要となることは確実であろう。しばしば政治家の「軽はずみ」な発言が東アジアに緊張感を走らせるが、あれは(個人の)「軽はずみ」ではなく、日本社会総体の「知」の浅さの産物と考えるべきであろう。改めて「戦争とアジアに向き合ってこなかった」日本という国のあり方が、共同性を構築するうえで本質的な難問になるのかもしれない。私がトッドから学んだことはそのようなことである。

〈引用文献〉


アルベール、M（小池はるひ訳・久水宏之監修）『資本主義対資本主義』竹内書店新社、一九九二年（原著刊行一九九一年）。

伊丹一浩『民法典相続法と農民の戦略』御茶の水書房、二〇〇三年。

坂根嘉弘『〈家と村〉日本伝統社会と経済発展』（本シリーズ第三巻）農山漁村文化協会、二〇一一年。

トッド、E（石崎晴己・東松秀雄訳）『新ヨーロッパ大全Ⅰ・Ⅱ』藤原書店、一九九三年（原著刊行一九九〇年）。

同（石崎晴己編訳）『移民の運命—同化か隔離か—』藤原書店、一九九九年（原著刊行一九九四年）。

同（石崎晴己編訳）『世界像革命［家族人類学の挑戦］E・トッド』藤原書店、二〇〇一年（収録原著論文刊行は一九九二、一九九九年および日本での二〇〇〇年講演録）。

同（石崎晴己訳）『デモクラシー以降』藤原書店、二〇〇九年（原著刊行二〇〇八年）。

終章　日本農業の発展論理
――再び小倉武一とシンプソンの問いに向き合って

一　日本農業主体の特質

1　日本農業の類型認識――中耕除草・環境形成型農業という個性

日本農法の特色は、(a)地力維持(草肥供給)と雑草防除という農業生産力を支える二つのポイントにおける労働集約的性格であり、したがって(b)外延的拡大(規模拡大)より内包的拡大、すなわち多肥化と肥培管理基軸の生産力発展形態をとり、しかも(c)多肥化がもたらすさらなる雑草と病虫害を制御するという、言わば無限階梯的な努力に支えられるものであった。かつ水田は、(d)水源から導水する水路によって支えられる巨大な面的広がりをもった装置の一部であり、世代を超えて土壌改良や水利条件の改善に努力されるべき恒久財であった。

日本の水田農業は「土地合体資本的性格をもった水田の永続的改良」と「多肥化とそれを増産に結びつけるための集約的管理」という二つの論理に支えられていたのであり、このような特性をもつ農業が、世代をまたがって農地を継承・発展させるための農家形態として単独相続と家産・家業意識をもったイエ（直系家族の日本的形態）と結びつくことにより大きな安定性を獲得した。また、水利は面的かつ厳密な管理を要求するとともに農家の作業時期・作業順序をも規定するし、草肥や燃料および生活資材の確保はムラが管理する入会地に頼ることになる。加えて、いわゆる村請制下の年貢負担は連帯責任であり、ムラは年貢負担の範域としてのムラの領土意識を鮮明にするとともに、ともに栄えることがムラ共通の利益にもなった。こうして、（理念的に言えば）行政単位であり領土を管理する単位としての近世村（齋藤仁の言う自治村落）と農業共同の単位としての農業集落とが重畳してイエの農業を支えたのである。このようななかでは、農地もまたイエの土地であるとともにムラの土地であると観念された。

2　農業主体の日本的性格――イエとムラ

「イエ・ムラという明確な〈社会的形態〉をとった農地所有と農業主体」――これこそが西欧はむろん東北アジア諸国とも異なる日本的農業主体の顕著な性格である。江戸時代に原型を構成した農業主体の日本的形態は、近代が「水田農業の高度化」という農業戦略をとったために大きな変容を被らず、むしろ農業主体の小農化（家族協業化）と耐肥性品種の選抜改良と肥培管理労働の緻密化に対応した「新たな共同」へとリニューアルされた。明治期の助走を経て大正期に爆発的に普及した農家小組合がそれであり、両時代における農業問題の性格変化を反映して、小組合の中心課題は「生産技術」から「その経済的実現」に移行し、輸送手段の整備を背景にした「新しい都市需要への結合」と「それに対応した産地形成」および「中間商人の影響力排除」に努力が傾けられたのである。それは日本的小農の市場対応の姿であった。

同じ時期、近代地主制に対する批判が「小作料減免」を要求する小作争議を通じて高揚した。両者は、経済運動(農家小組合)と政治運動(小作争議)としてあたかも「水と油」であるかのような対立関係に陥ったが、当時の状況からすれば前者(パイ自体の拡大)と後者(分配率の変更)は農業経営安定化には欠くことのできないメダルの両面であった。しかしこの敵対は互いの共通項を見失わせ、双方をより経済主義/政治主義の側に偏向させることになり、農業主体としての成長に無用の困難をもたらしたのである(なお、このような敵対を生んだ一因には小作争議に対する国家の抑圧と農家小組合の積極的利用があったことも記憶しておくべきであろう)。

小作争議を体制変革につなげようとする一部の運動指導者からは、「土地国有化」という展望のもとで「土地不買」が熱心に説かれたが、多くの農民は余裕さえできれば農地所有権の取得へと向かった。これは、小作料の高率性が容易に解消しないうえ耕作権不安も拭い去れない状況下では農地所有権の獲得こそが最大の防御手段であったことに加え、小作化した農民にとっては、家産としての農地を再びわがものにすること、すなわち「イエの資格」を取り戻すことでもあったからである。このような現実を前にして、政策(国家)の側もまた、自作化を基調に近代地主制の縮小・緩和策を土地改革の基本方向として具体化していった。その到達点が農地改革である。

3　農地所有の正当性をめぐって

「農地の所有は耕作する事実によって正当性をもつ」――これは古代以来からの観念だと言うが、驚くべきことに大正の小作争議にも昭和の農地改革にも、こと所有権争奪がおこる場面においては(地主・小作双方にとって)この「記憶」が寄る辺となった。そして、それは近代にも生きる社会慣行として司法の認知を得ていたのである。

近世地主制に対する近代地主制の顕著な特徴の一つが不在地主の多さである。不在地主は「耕作する事実」から最も遠い存在として忌避されたが、のみならず、ムラの外部から農地を所有することによりムラの農地にまつわる伝統的な「責任」からフリーな存在であることも問題視された。ムラの農地を「単なる財」として処理しかねない存在として、市場原理がムラにもたらした亀裂を人格的に体現する者として眼差されたのである。そして不在地主(不在地主所有農地)の増加が「ムラの土地」という観念を改めて呼び戻すことになった。小作争議は主たる批判相手を不在地主に設定し、争議の結果生み出された「協調体制」の多くが「ムラの農地管理」をなんらかのかたちで協約に含めた。他方、ムラの農地が外部に渡らぬよう私的利害を超えて農地の買取りに努めるムラのリーダーたる在村地主も多数生まれたのである。

戦後農地改革は、小作地の八割を自作地化することによって土地支配に立脚した権威主義を打破し、戦前期農村を覆っていた高額小作料問題を解決するとともに、イエの構成要素たる家産を回復あるいは均霑《きんてん》させた。さらに不在地主所有小作地の全面開放によりムラの土地を回復させることを通じて、戦後農業の一つの礎をつくった。しかし、戦後民主化の一環として急いだこの改革は、旧来のシステムの打破と農地所有権の迅速な移転に関心を集中させたために、土地改革としては世界稀にみる徹底性を実現しながらも日本の農業主体たる「イエ・ムラ・農地」を「自己保存的革新」(本章第三節1の(2)を参照されたい)に導くための思想と装置を欠いていた。その後の農政は万事後手にまわり、「国家管理」と「市場原理」(個)の両極をゆれ続ける。「社会」という論点が視野から消えたのである。また、農地改革が創出した農地所有(戦後自作農体制)は公共性をもったものであるがゆえに「合憲」であるとした最高裁判決をふまえれば、その公共性を確保し続けることを農政の基本としなければならなかったはずであるが、そのことが論点を形成することはなく、なしくずし的な「都市化」(最高裁判決違反とも言えよう)が進行したのである。

二　日本農業再構成の論理

1　構造改革失敗の理由——社会の拒絶

構造改革失敗の根本原因を「市場原理の不足」とするのは実態とすれ違っている。それは、当時の農村現場にとっての初期条件を理解しないものに対する「社会の拒絶」であった。実際、現在の個別大経営の担い手たちが最も意を注ぐのは、地元(地権者集団)との信頼関係を築くことである。これは、歴史が生み出してきた土地所有観および農村社会の共同性と混住性に対する、「強い配慮」であり「折り合い」である。しかも、零細分散錯圃制という歴史基盤のうえで取り組まざるをえない規模拡大を面的集積に結びつけるには、地域レベルで適切に調整しうる抜本的な仕組みがいる。以上の意味で、日本農業では個別大経営といえどもムラ農業であり、「社会の問題」(農村社会にとっての合理性)として対処すべき農業なのである。

日本的個性を「論理」として把握しないと「単なる破壊」と「創造的破壊」の識別ができない。その端的な表れが、高度経済成長を構造改革の追い風と理解したことであった。そこでは商工業の発達が零細農家の離農を促し経営規模拡大(自立経営農家の育成)の条件をつくるという経済原論的な展望が描かれたが、イエはそのようには動かなかった。イエは自らのもつ数少ない「資源」である労働力と農地を都会に集中する富にアクセスすることで自らの存続をはかったからである。農業労働力を兼業に振り向け、農地は飯米相当分を残して転用する、転用条件に乏しければ所有権を確保したまま自らが都会へ出る——要するに、大部分の農家は「脱農と引き換えにイエを守る戦略」をとったのであった。そして併進したモータリゼーションと(機械化・化学化・システム化による)労働生産性の向上(実体としては単なる省力化)は通勤兼業や日曜百姓という対応形態を可能にし、この面からも農地流動は抑制された。「(都市化の影響を受けた)地価高騰が予想できなかったので流動化について誤算が生じた」という言葉が幾度も聞かれた。しかしこれは、すでに戦前から都市周辺地地域においては問題化していたし、さらに戦時下においては工場分散が各地に地価騰貴の波を及ぼしたことが重大問題として理解されていた事実をあまりにも簡単に忘却したものであった。[1] さらには、高度経済成長を遂げたという点で条件が近似しているはずの西ドイツが地価騰貴をおこさなかった事実(人為——政策体系総体のことである——の差という論点)も看過したものである。政策は大きな構図を取り違えたのである。

2　農政によるムラの忘却と再発見

このような状況にあっても農業で生きる途を選び全力を投入する者はなお大勢存在していたが、その人たちの努力に大きな打撃を与えたのが水稲の強制減反(一九七〇年)であった。それは水稲に代わる経済作物がないということだけではなく、むしろそれ以上に、農民を支えるエートスに深刻な影響を及ぼしたことこそが重大である。「最も大切にしてきた作物が奪われる」ことに加え「つくることこそ農地所有の権原」という深く伝統に根差す観念に反した行為を強制されたことが農業主体性に何をもたらしたのか——そのことに思いを至し知る責任が農政と農業経済学にはあろう。

他方農政は全国の農家に減反を割り当てるという前代未聞の難問に頭を抱えたが、それを実施初年度にして見事に(超過)達成してしまったのがムラの力であった。ムラからすれば青天の霹靂とも言える理不尽な要請をともかくも受け入れ、自らの力で農家に割り振ったのである。ムラの驚異的な調整力を目の当たりにして、「ムラは生きていた」ことが発見され話題となったが、この逸話から二つの問題が指摘できる。一つは、いつのまにか「ムラは死滅した」と思われていたらしいことである。直前の総力戦体制がムラの全面的な利活用体制であったことを考えれば奇異ですらあるが、当時の学知と政策は「実態」(農村現場)を見つめるよりは「近代主義」の新鮮さ(戦時体制の記憶の忌避)に圧倒されていたのであろうか。いま一つは「再発見」したムラ機能の内容である。ここで注目されたのは、大正期小組合がみせたチャレンジングな市場対応の姿ではなく、言わば「農政のツケ」を尻拭いさせるもの、利害を調整するものとしてのそれであった[2]。これは小倉が「国の家父長主義」とよんだものの亡霊であるかのようにも、さらには、村請制に支配の基礎を置いた江戸時代の領主階級にすら類似した眼差しのようにもみえる。再発見した「目」が曇っていたのである。

3　土地をめぐる思想の革新

極論を承知で言えば、戦後農地改革以降の半世紀の間、〈イエとムラの土地は守る〉〈土地を守るとはそれを利用すること〉という二つの伝統的観念(ムラの常識)を大声で宣言し続けてきたほうが構造改革はすすんだかもしれない(小倉問い①③④⑤⑦—序章第一節参照)。

さらには耕作放棄と不在地主化(それどころか地主不明化)という無残な事態はおこさなかったかもしれない。平野(二〇〇四)は、一般に「一八世紀関東農村の荒廃」と言われていたもののなかには、景気変動を見越し世代を超えた展望に裏づけられた「再建のための計画的撤退」とでも言うべき戦略的対応をとった村落があったことを明らかにした。米価下落を主因とする農村経済の悪化に対し、石高制下で水利事情を超えた開田を強いられていた限界地の水田を整理し、村外へ長期出稼ぎ（と言うより暫定的移住）を可能にするために他出者の農地は近隣の者が世代を超えて預かることが取り決められていたと言うのである。

今再び不在地主（所有地の扱い）が大きな問題になっている。近代地主制における不在地主は市場原理の体現者であったが、再登場しつつある不在地主の多くは故郷から切断されたという点で市場原理の犠牲者であろう。しかも地元からすれば連絡先も不明なケースが増え、所有権者の同意を要件とする土地改良や地域計画が動かせないという事態が随所でおこっているときく。これらの事態から抜け出す方向を考えるうえで、第二章で紹介した「上土は自分のもの、中土はムラのもの、底土は天のもの」という明治九年の佐賀農民の土地所有観や、「ムラの農地を守る」「農地を所有するということは実際に耕すこと」という近代にも生きていた「ムラの常識」に立ち返ることが必要ではないか。

もっともこれらのアイデアが現実社会で定置されるには、国民経済全体の再構成――農村の空間的確保と地場経済の多元的な再構成――が必要となる。しかし、これらの「夢」を語ることはともかく、現実を少しでも動かすための具体的営為を論じることにおいて、残念ながら農業史研究は無力であり、発言できるとすれば次のようなことに尽きる。

第一、「これからは所有（権）ではなく利用（権）を」という言い方をよく耳にするが、本書の視点からすれば、むしろ「所有を守るためにこそ利用を」と表現したほうが適切である。所有（地権者）を切り捨てるのではなく、所有（家産）は尊重されつつ、しかし新たな社会性を獲得したものとして定置される方向をめざすことがソフトランディングを可能にするであろう。この点で、楠本雅弘のいわゆる「二階建方式」(楠本二〇一〇)は、かかる伝統的観念の前者と後者を区別し、前者を「ムラ(地権者集団)要するに伝統」に、後者を「現代が生み出した多様な経営主体」に委ねるという、「歴史と現代を折り合わせる」ための創造的工夫であると評価しうる。具体形態としては種々あるにしても、これからの農地問題に対する考え方の基本形をなすと思う。

第二、しかしこれらの普及(一般化)という問題を考えると、農法的／社会的規定性が強い日本の構造改革は、地域ごとに具体的にモディファイすべき必要が極めて大きいだけ長期を要し、成立可能性自体にも大きな偏差が存在することが重々留意される必要がある。そして、多くの地域において「農業・農村構造の重層性」という日本的特色は依然として存続していくであろう。それは、WTO体制(世界標準)が要求するスケジュールとも構造改革像とも大きな齟齬をきたす。農政(学)は、以上の諸点を明確に言明すべきではないか。

4　風土適合的農法の創造

たとえば谷口ほか(二〇一〇)は、水稲の多面的利用を飼料穀物化を軸に構想し(水田能力の活用)、大経営適合的水田農法体系を提案している。構造改革には本来技術合理性の追求という側面があり、農業における技術合理性は風土に根差してこそ実現できる。にもかかわらず現実には、「米以外につくるものがない」という状況下で、事実上(まるで休閑除草農業におけるように)水稲単作大経営の育成がめざされてきた。ここには、中耕除草農業の「強み」であるはずの労働対象も土地利用度も位置づけを与えられておらず[3]、いかなる意味でこれを技術合理的だと考えていたのか理解に苦しむ。この点から言えば、「本来の技術合理性を犠牲にしてでも(コストという指標からみた)経済合理性を追求した」という「逆説」にこそ、日本における農業構造改革の際立った特色がある。そして、それゆえにこそ「構造改革の成果が容易にあがらないのみならず、せっかくできた大経営も定着しがたい」という不安定さを生んでいるようにみえる。かかる形式と実体の乖離もまた中進国的であろう。このようななかで谷口らの研究は、構造改革に農法的合理性を獲得させる努力の一つと位置づけられようか。構造改革ではないが、小池(二〇〇八)の研究もまた、土地利用率の向上に焦点を合わせた(新しい風土適合的な)「農法的合理性」の模索だと私は理解している。なお、これからは環境意識・安全・本物志向の高まりのなかで有機農業への関心が強まろうが、それは風土適合的農法の創出をさらに要求することになると思われる。

5　農林業構造改革という考え方

小倉の問い④は、農業のみならず林業を含めた「農林業構造改革」という発想がありうることを示唆したものである。近代以前の日本では農業は山に深く支えられていたが、購入肥料(や燃料・生活資材等)が潤沢になるにつれ両者の結合は弱化し、山の多くは農業とは一線を画した林地として囲われていった。以後実に一〇〇〇万haに及ぶ巨大な人工林がつくり上げられてきたが、その多くが今、人手がないために放置されている。再び林地と耕地が時代に応じた補完関係を生み出していくこと、言い方を換えれば、問題を農業の構造改善に限定するのではなく、農林業の構造改善という視野で構想することが求められているのであろう。その際には、耕地・林地・草地全体の相互補完的な地目結合の工夫、たとえば農・林の接点として粗放的な畜産を入れるとか、エネルギーの確保が重要問題として浮上してきた現在、木質ペレット(林)および糞尿(畜)や草・作物残渣(農)などをバイオマスとして活用するなどの総合的検討が、課題となるのであろう。

村田(二〇一一)によれば、近年のEUでは「農村」(countryside)概念の「二重の歴史的転換」が話題になっていると言う。「転換」の第一は、これまでのオーソドクスな農村とは違い、「ツーリズム、建設業、製造業、さらには伝統的または革新的なサービス業など非農業部門」に力点を置いた「多面的で現代的な役割」への変化であり、第二は「環境問題の重視とりわけ「エネルギーと環境保護をめぐる農村の機能」の明確な浮上である。とくにドイツでは、「再生可能エネルギーの地域自給を目指す……運動が農村を先頭に始まって」おり、(農村地域のみならず)大都市であるミュンヘン市でも「二〇一五年までに市民の家庭消費電力、二〇二五年までに企業の消費電力」の一〇〇%自給をめざしている。これに対し農村サイドは「大きなチャンス」と位置づけ牛糞ベースのバイオマス事業に取り組みつつあると言う。ここではエネルギー(バイオマス)が小農を支える新たな支柱になっているわけである。東日本大震災を経験した日本でも、このような「複合的な危機の克服に貢献できるものとしての農村地域」(二〇四頁)という新たな位置づけが付加されることが必要であり、また可能になりつつあるのかもしれない。

三　学と政策へのコメントと反省

1　動態的類型論の提起

（1）「（個性的）社会」という論点——類型論の現実的根拠

農業経済学は「社会」を無視したわけではないが、「社会」を十分咀嚼することができなかった。東畑精一が「単なる業主」しか発見できなかった理由も、小倉武一が東畑から柳田に思考の軸足を移した理由もここにある。近代化を個別化（正確には「個の自立」）に等置し、伝統的結合に対する批判と克服が中心課題にされる傾向は、他の社会科学領域でも同じであった。これは世界に共通する時代的制約であったが、日本の場合はその中進国性が問題をはるかに大きなものにした。一方では「〈伝統の重さ〉と〈圧縮〉がうむ軋轢は大きい」というリアルな現実があり、他方では「戦時体制に吸引された〈情緒的集団性〉に対する反省」という当然の課題があり、また「アメリカモデルの登場により相乗された〈豊かさへの渇望〉」があった。そのうえに「コンテキストを無視して流通する〈輸入学問の形式性〉」が重なったため、近代主義を相対化する視座が育ちにくかったからである。小倉の反省は、経済学のコアが西欧思想そのもの（西欧的現実の理論的総括）であり、この点の無理解が構造改革初期条件の無視につながったことの自覚であり（学の中進国性）、それを克服するための「歴史と社会」への着目であった

（小倉の問い①③④⑤⑦）。

国際舞台において、西欧諸国は自らの利害を普遍概念に置き換えて主張する（世界論として／世界レベルで論じるということである）のが常であるが、日本は自らの「特殊性」を無媒介に対置してきたようにみえる（政治の中進国性）。しかし、グローバル化が肯定的意味合いを発揮するには、普遍主義でも例外主義でもなく、「多様な世界の相互性」として把握できる思想（構造的差異とそれらの相互理解・相互補完の知としての世界類型論）が不可欠である。それは農業経済学にとっては、厳密な論理的前提をあいまいにしたまま流通させてしまった国際分業論を明示的に相対化するという「責任」を果たすことでもあろう。

（2）「（自己保存的）変化」という論点――動態的類型論の必要

私は本書で「類型的差異を無視した形式的な知の輸入」を批判したが、実は「過去という他者」を見つめる歴史研究と現在（現状研究）との間にも同じ問題がある。「過去」は「過去」であり、「現在」ではないからである。実際、農業史研究が「現在」の農業問題解決に直接役立つような研究をすることはまず不可能であるし、他方、日々の「事件史」に向き合うべき現代農政が農業史研究の獲得しつつある学知にリアリティを感じたこともないのではないかと思う。両者は違うものだから半ば当然ではあるが、しかし、時代を接し合う現代農業問題研究と近現代農業史研究が相互に影響を及ぼし合うことすらできないのであれば、それは学における一つの病理現象だととらえるべきであろうと思う。

この溝を自覚的に埋める（互いに刺激し合うことができる）ための一つの努力方向は「変化」という要

素をともに重視することではないかと思う。現状研究にとっては「現在」を「変化が生み出した現在」としてみるという視野を獲得することであり、歴史研究の側から言えば「過去」を固定的(本質論的)にではなく「変化する過去」として提示することである。ただし二つの「変化」が接点をもちうるのは、ともに「変化」を外在的・他律的に処理する(これでは〝時代が違う〟という「絶望感」しか生まない)のではなく、「外部環境変化に対する主体の対応」として内在的・能動的に把握する場合においてであろう。ここでのキーワードは「自己保存的変化」である。

本書の範囲から、「自己保存的変化」の具体相をムラについて言えば、次のようなことである。

本書では日本農村における地縁集団の主体性を重視し、行政単位としての町村とは別にムラと別記してきたが、その意味も範域も大きな変化をみせた。農家小組合は当初ムラ組織として生み出されたが徐々に農業の市場対応という側面を強化し、地縁性を重視しながらも(商品生産の)専門合理性という見地から「事業ベース」の農家小組合を多数生み出した。ポイントはムラの意味が失われるのではなく、必要とされる機能に対応して共同性が重層化したことである。さらに、本シリーズの野本京子(二〇一一)は「一村共同」「一郡共同」というより広域な「共同」がもつ積極性を指摘し、本書でも庄内における郡レベルの広がりをもつ民間育種ネットワークの形成をとりあげた。これらも同様に、ムラを起点にしつつ課題に応じて重層化した「共同」の諸形態と把握することによりその意義が理解できる。

また、農地改革は「ムラの土地の回復」という願いを「不在地主所有小作地の全面開放」として実現したが、そこでの「不在地主」とは行政町村基準のそれであり伝統的なムラ基準によるものではなかった。「他のムラ居住の地主」ではなくはるかに遠方の存在である「他の町村居住の地主」を不在地主に「読み替えた」のである。しかしこれは状況からみれば妥当な措置であった。もし「ムラの土地」の論理を厳密に貫いたならば、戦時混乱が生んだ「生きるための非常措置としての地主化現象」を過剰に補足してしまうことにより本来の不在地主批判の論理を壊すとともに、引きおこされるムラ内部の混乱も収拾できなかったであろう。一方では農業共同自体がムラを相対化しつつあった現実があり、他方では戦時体制の混乱が、ムラに敵対する「市場原理主義者としての不在地主」とは対極にある、基幹労働力を奪われたがゆえの「零落形態としての不在地主」を数多生み出していたからである。しかしここでもムラは意味を減じたのではなく、農地委員会の重要な構成部分(部落補助員による調整)を担ったことが肝要である。

他方、現状に目を向けるならば、集落営農と総称されていてもその範域はムラを越えつつあるという実態がある。さらに、営農単位のみならず地域デザインの単位として旧村(明治行政村)がとりあげられることも多くなっている。新たにその単位性が注目されるに至った旧村を、本書の用法を使い「昭和合併村(新村)によりインフォーマルな単位に落とされた新しいムラ」と表現することも可能であろう。この場合は、昭和合併村―明治行政村―近世系譜のムラの三層が重なり合って〈新たな共同性〉を支えているのである。ここでもムラは消えたのではなく、活動内容の多様化と増加に対応して自己を保存しつつ多様な共同範囲を重ね合わせたのである(なおこのような共同性を「共同体」とよぶのは誤りであり、あくまで近代の生んだ機能的な共同性と理解すべきものである)。

社会運動の領域、小作争議についてもふれておきたい。争議リーダーには外部世界の経験者が多かったという興味深い事実があるからである。第三章で紹介した河原争議の指導者Hは、農民組合運動に参加した動機を次のように語っていた。「数えで一五歳の時に加茂機関区へ……就職……二十歳で機関手になり鉄道で出世しようかとも思ったが……家庭に女房を置いて一日中働くのはどうかと思」い「二二歳から家で農業」したものの「地主には高い年貢を取られ奴隷の生活……これはひどすぎると思い地主・小作の矛盾に目覚めつつある時上狛で日農の演説会があり、農民運動に参加する決意を固めた。世のため人のためになることだったら先頭に立ってやろう。世に自分の存在を見せつけてやろう、と思った」(野田一九八九、一〇二頁)。

「出世」より「女房と一緒にいること」を求めて帰農したという選択には興味がわくであろうし、帰村後「地主・小作の矛盾」に目覚めるまでのスピード(日農河原支部長になるのは帰農後七年のこと)と思い切りが目を見張らせるが、いずれもムラ内部しかしらない者にできることではなかろう。自ら求めて他村で開催された演説会に参加していることにも、ムラを大きく越える視野の広がりを感じるであろう。ちなみにHは、宣伝やオルグに「自転車」を活用したことを自慢していた(行動範囲が広がったし世間の注目も集めた)が、ここにも同様の「広さ」をみてとることができる。争議を通じてムラを「協調体制」へと導いていった頃、Hは三〇代前半。この過程は、ムラが「はねあがり者」であった三〇代の若者を「リーダーの一人」として受容していった過程でもあったのである。そして、争議の結果ムラは「壊れた」のではなく再び「領土をもったムラ」としてよみがえったのである。

いずれにおいてもポイントは、ムラは「大きく変化」しつつ「自己を保存」したことである。同じことは「ムラは自己を保存しつつ状況に対応する力量と柔軟性をもった存在であった」とも言い換えられよう。本来はこのようなものとして、戦後（再出発時点）に改めて見出されるべきものであった。しかし中進国的近代主義は「西欧思想」である「個の自立」（経済的には市場原理）を、「西欧思想」を貫く文脈すら見誤って、ただ過剰な形式として導入した。そのような自己認識を欠いた農業構造改革が「社会の拒絶」を受けたのは当然であったと言えよう。ただ、戦後に一転してムラに対する否定的見方が強まったのは、敗戦を契機とする「民主主義」の流入のみならず、小倉や近藤が述べたような〝戦時体制（これは国家の強制に等しいであろう）がつくった農村の家父長制と保守主義〟の影響であったのかもしれない。そうであれば、農業・農村における一九四〇年代論が問題にすべきはむしろこのことであったと言わなければならない。

（3）　地域名望家という存在

本シリーズ野本（二〇一二）は、私の扱った「主体形成」が事実上「市場経済への対応力」に絞られているのに対し、より広く「生活」と「地域」を含み込み、言わば「農村主体」の形成を扱っている。日本農村社会の地縁的凝集性の高さに注目する見地からすれば、とりわけ同書第四章で扱っている「地域をよくしようという試み」に関心がわく。同じく本シリーズで坂根（二〇一一）も指摘しているように、階級史観・統治史観に影響されてこれまで十分な位置づけがなされてきたとは言えない地域名望家とよばれる大小無数の人々の姿を発掘しその内容を吟味していくことは、これからの重要な課題になるであろう。

「明治・大正期までの町村行政は、まちがいなく町村の下層は行政の担い手にはなりえないしくみ……であったが、かといって、町村の行政運営が常に上層部の利益のみを考えてできるわけではない……地域の上層といっても、ヨーロッパの土地貴族のようなものとは根本的に違う。階層性が歴然とあった時代の町村行政を担った人びとを評価する際……その行為をもとに評価し、従来の研究で多々指摘された階層性の限界などを前面に押し出すことを意図していない」とは、これまで精力的に地域名望家の姿を紹介してきた日本近代史研究者高久嶺之介の言葉である（高久二〇一一）。これは一九九七年に書いた前著からの再録であると言うから、十数年たっても同じ解説（弁明）を付さねばならないほど、日本近代史主流から軽視されてきたテーマであるようである。しかし、本書が用いてきた「主体としての社会」という視点からすれば確実に含み込まなければならない人々と経験である。

2　東畑精一と柳田國男をどう学ぶか

農業経済学・農政思想における二人の巨人として東畑精一と柳田國男をとりあげ、本書の範囲からコメントを加えたい。

（1）東畑精一はなぜ「単なる業主」しか見出せなかったのか

東畑（一九三六）は、「農業展開過程」に影響を与えるあらゆる農業主体に目配りをしており圧倒される。零細農で覆いつくされた日本では個別農家の革新力は乏しいため、組織化が一つのありうべき発展方向として期待されていたが、東畑によれば「農会は地主団体」「産業組合は流通に特化しており生産過程革新の機能をもたない」がゆえにその資格に欠けていた。この点で生産共同の単位であり、かつめざましい普及力をみせつつあった農家小組合は評価の対象にはなるとしつつも、任意的組織にすぎないという脆弱性は軽視できないとし、結局は「単なる業主」以上の位置づけを与えられることはなかったのである(六一～六二頁)。

東畑の農家小組合評価の難点は、事実認識の点から言えば、同書執筆時点で二十数万に達していた(したがって内実はまさにさまざまであり、かたちだけのものも多かったであろう)農家小組合を「平均値」で語ってしまい「評価すべきコアとベクトル」を把握する姿勢を欠いていることである。しかし、それよりも問題を感じるのは、判断基準自体が厳しすぎることである。東畑が「企業者」とよぶのは「与件の急激なる変動に対し経済を最も巧みに適応せしむる」(七四頁)ものに限られており、たとえ「経済の徐々たる変化に……充分適応し得」えたとしてもそれは「単なる業主」以上のものではないのである(七三頁)。かかる基準が具体的にはどう適用されているのかわからないが、農家小組合型運動の積極面を掬いとりにくくしたことは間違いないであろう。言い換えれば、「西欧的企業者」基準に基づく日本の中進国的現実分析としては秀逸であるが、「日本農業の現実の中から変革の力を見出す」という観点からは学ぶべきところが乏しいと言わなければならないのである。〈中進国・小農制〉における農業主体性のあり方をこのような目の粗い(ファーマー基準の)理論で処理しようとすること自体に無理があるからである。東畑は決して「理論」の形式性に甘んじる研究者ではなく、歴史にも現場にも関心が高いうえ造詣も深い。にもかかわらず、結果として、日本農業のなかに内発的力を汲みとることができなかったのは、類型論の欠落、すなわち類型論的見地から現実と理論を再構成する視角を欠いていたからであるようにみえる。ここには「社会」(正確に言えば「社会の能動性」に対する理解)がないのである。

(2) 柳田國男から何を学ぶか

小倉(一九八七)は、自ら「一驚」した柳田「中農養成策」の内容を次のように要約している(二一八〜二一九頁)。(a)耕地の集団化、(b)土地の分割自由の制限――隣接所有者の先買権・売買や評価における村の仲介・耕地整理組合の恒久化による土地管理・購買組合による土地取得・遺言(相続)の制限、(c)村落の土地は村落住民がもつ。村落による村外者の土地購入の防止・地租の累進化による地主肥大化の防止と自作化の促進、(d)モデル農場の設置――管理人は農場に住み込み将来はその農場主になる、(e)地方工業奨励――農業者の就業機会確保、(f)協同組合の活用――産業組合の活用とともに法改正により共同営農組合の設置。これらの諸点こそ農業基本法の構造改革に欠けるものだと、小倉は受け止めたのであろう。

さらに、他の論考も加味すれば次の諸点を付加することができるし、また必要であろう。①「構造改革」を長期の課題すなわち「国家百年の謀」として位置づけていること、②農村問題を孤立してとらえるのではなく地方都市を含む「地域経済圏」の問題として把握していること、③「中農」(実体は専業自作農である)の育成とともに、「過渡的方策」として小作条件の改善を重視し、「小作料金納化」を提起していること、④同時代の「町村是」運動の上意下達性を批判し、調査も計画立案も村落自身が行なうべきもので行政はそれを助けることに徹すべきだとしていること等である。

一点補足すれば、育成すべき「中農」を、「中農養成策」執筆時点(明治三十七年)で五万戸前後はあったと思われる「五町歩以上層」ではなく、その一ランク下の、家族協業の強化を通じて台頭しつつあった「二、三町歩層」を「構造改革」目標としている点に注目すべきである。これらの層は、後に田中定により「自小作前進」として、栗原百寿により「中農標準化」として把握され評価された近代日本型小農である。要するに、柳田の考え方は「当時の農業構造変動を政策的に支え全面化しようとするもの」であり、そこには極端な「飛躍」も過大な「無理」もなくゆえにまた「介入性」に乏しいものだからである。

さらに、小倉「一驚」の意味を深めるためには、「村落の単位性と自主性の積極的位置づけ」「農地所有の社会性と村落という管理単位の重視」「都市との交流と地域経済圏構想および国有地まで見渡す視野の広さ」「当面する問題としての地主制への批判と具体的制御策の提示」「現実の農民分化動向への注目と先端部分の重視」および「百年の大計という腰の据わった一貫性」などの総体をみる必要がある。かかる一連の主張のなかに、現代の(即自的な効率性しかみない)構造改革論議との根本的な差異をみるべきであろう。

本シリーズの牛島(二〇一一)によれば、柳田の農政思想のコアは「近代的な制度によって固有の伝統を保守刷新し、そのことをとおして『近代化』を達成しようと」(九四頁)したところにある。「保守刷新」という言葉が目をひくが、広い視野のもとで「内在的変化という視点」が貫かれているところに柳田の特徴があり、またこのようにとらえるからこそ「百年の謀」という大きなスケールで論を立てうることにもなるのであろう。これらを無視して「農業ビッグバン」を主張するために柳田を援用するのは妥当ではない（山下二〇一〇）。

四　残された課題

1　北海道と沖縄からの視座

本書では土地利用型農業のなかでも農業構造改革上最大の難問となっている水田農業に照準を合わせたため、近代の開拓地である北海道と、畑作地帯であり東南アジア型農村との類似性がみられる南九州・沖縄を別枠に置くことになった。北海道はイエ・ムラを欠き人口圧も低いうえ休閑除草農業との農法的近似性などから構造改革への順応力は高く、「基本法農政の優等生」になった（内地農業に対する一批判軸）。ここでの「無理」は集中的な国家的開発として行なわれたところにあり、「巨額の負債」がその裏面を形成した（これも中進国的である）。他方沖縄では、フレキシブルな社会関係が農村の柔軟な対応を可能にしており、北海道と並ぶいま一つの批判軸を形成している。しかし、そのフレキシビリティが必ずしも農業構造改革や農業経営主体の強化につながっているわけではなく、むしろ「非農業的社会システム」という別途の論点を浮上させているようにみえる。そうであれば、これもまた興味深い類型的論点であろう。南九州は、北海道から一階梯遅れた分、国家的性格を緩和した構造改革を模索する途があるのかもしれないが、私には論じる知識がない。

2 戦後分析――「現代」を歴史的にとらえるということ

決定的に不足しているのは戦後分析である。戦後日本農業は、ただちに国家に掌握されたわけではないし、連続的に高度経済成長につながったわけでもない。ここでもさまざまな営為が具体的かつ相互連関的に明らかにされる必要がある。たとえば戦後改革期は、一方では〈貧しさからの〝出発〟〉であり次三男問題の深刻化であったが、他方では農業改革・農村改革の息吹を背景に大正期とは異なるさまざまな農村社会運動が横溢した時代でもあった。続く高度成長期には、農村のあらゆる富(労働力・土地・水)が工業化を支える「資源」とみなされ都市へ吸引されたが、これは、第二種兼業農家(農家における多数派)の所得水準を史上初めて都市勤労者のそれを凌駕させたという点でも、それまでの一〇〇年を貫いてきた日本農業の「三大基本数字」を崩壊させたという点でも、過疎・過密という両極の人口移動を本格化させ「過疎問題」を現代日本における最大の社会問題の一つに押し上げたという点でも、まさに時代を画するものであった。そして、〈主食=コメの自給〉という「国民的悲願」を背景に大きな情熱を傾けてきた水稲作に対して「強制減反」が発動された。これもまた史上初めての事態であった。以下は省略するが、「農業主体」に関心を寄せる立場からは、これらの時代それぞれの内実を、農民エートスに達する深さをもった一個の社会史として叙述していくことが望まれる。幸い戦後から現在を対象とするモノグラフは膨大に存在している。これからの農業史研究は、かかる「時代の強み」をフルに活用しながらも新たな目線で実証分析を積み上げ、「個々ばらばらの諸現象」を「現代史」として再把握していくという新しい課題に取り組むことも求められることになろう。

3　現代の一論点――外国人農業労働者とムラ

最後に、近年急増してきた外国人農業労働者をめぐる問題に関連していくつかの点にふれておきたい。就労場面は本書が対象とした水田農業ではなく圧倒的に畑作農業であるから事情は相当異なっているが、イエとムラを農業主体として取り扱ってきた本書の立場からすれば、避けて通るわけにはいかないであろう。それは第一に、近世以来(戦時下の一時期を除き)一貫して家族協業比重を増加させることによって時代に対応してきた日本農業が、家族協業(近代的イエの一側面)自体の崩壊に直面するなかで生じた現象として「時代を画する」からであり、第二に、不況下ですら農業労働者を国内で調達することが困難な状況にあって、それはエスニックな条件に規定された不安定な低賃金労働者という一つの社会階層を、「新たな格差構造」として定置する可能性が高いからである。第三に、かつての歴史的経験から推測すれば、長期的にみれば(当面の制度的制約にもかかわらず)言わば「非常時」の特例として対処(納得)できた戦時期とは異なり、これらが「平時」の問題として前面化したときにイエとムラは(むろん農政も)いかなる対応をみせるだろうか。すでにこの問題が問われつつあるように思う。

この傾向が不可避なものであるとすれば、これまでの歴史過程でみられたような、これらの新しい要素を含み入れた「自己保存的なリニューアル」「新しい共同性の創造」――安上がりで無権利な労働力としてではなく〈新たな共同〉の構成要素とみなし位置づける、という意味である――を生み出していくことが必要とされ、期待されることになろう。このときには、トッドの言う〈権威主義になじみやすいという基盤〉のうえに成立した〈内婚制を受容したことに起因する日本社会がもつ（繊細な）排他性〉が、改めて真正面から問い直されることになるのかもしれない。少なくとも、このような問題に向き合うことへの「覚悟（予定調和ではないということである）」が必要であろう。

本書では、「日本農業の発展論理」という課題上、水田農業における定着農民・農業に論点を絞ってきた。しかし、明治以降市場経済の拡大が「農村過剰人口」を浮かびあがらせるなかで、農業移民（北海道を中心とする内国移民も含む）は農村貧困問題に対する大きな対処策であり続けてきたし、日本帝国圏の成立は帝国経営という見地から国策としての移民を推し進めるきっかけにもなった。そして、アジア・太平洋戦争の終盤には、逆に農業労働力不足が深刻となり大量の朝鮮人労働力を必要とする事態がおきたうえ、大戦終結後再びこれらの人々は大移動を余儀なくされたのであった。日本農業を定着性の高い農民とほぼ重ね合わせることができたのは、むしろ戦後の一時期、すなわち増収技術と政策米価および兼業に支えられた高度経済成長期前後のことであったと言えるかもしれない。現在おこりつつある事態は、農業部面における日本人労働力不足を外国人労働力で埋め合わせるという点では戦時期の再現であるが、不可逆的現象であるところに大きな違いがあると言えよう。

なお、これまでの日本農業史研究が主題には取り上げてこなかった「農民（のみならず多様な人々）の移動」もしくは「移動を余儀なくされた人々」そして「移動を強いられた人々がすがりついた土地（農業）」を経て「さらなる移動と転職へ」という諸論点に本格的に取り組みつつあるのが、近年の近現代社会研究の大きな特徴である。そして急速にエスニックな様相を帯びてきた日本農業は、これらの研究との接点を確実に増やしつつある。飛躍的にすすみつつあるこれらの成果を、農業史的知見のなかに適切に吸収していく必要があろうと思う。(4)

4　目的科学（実際科学）の論理

本書では「歴史研究からの逸脱」という自覚をもちながらも、歴史的経験を参照することを通じて現在的・政策的課題を考えるという方法を選択した。この選択にやや学問論的な体裁を付け加えれば、農業史研究は歴史研究（人文科学も含め広い意味で社会科学とよんでおきたい）の一領域であるとともに、現実社会における問題の解決を課題にした目的科学のなかの一領域でもあると考えたからでもある。小倉の問い⑧は、自然と社会／基礎と応用などという二分論的科学論に安住しながら「現実」を語ることは有害であり、農政論は本来学際的でなければならないと言った。その意味では、農業経済学はむろん本来は一般経済学自体も目的科学として再構成されるべき知の領域なのである。ただし従来、学際研究は必要だとされながら「成功した試はない」（？・）ようである（実感的にはよくわかる）。かかる状況を前向きに打破していく鍵は、やはり問題に対する認識を深め共通の課題認識を獲得していくことであろうと思う。鋭く深い課題意識こそが、その一点に支えられた「諸ツールの動員」を可能にするからである。(5)

そして、このような経験を重ねることが、目的科学（実際科学）の方法を形づくっていくであろう。もしかしたら農学は、その必要性のみならず可能性においても、最も恵まれた領域なのかもしれない（第三科学／実際科学の意義については、柏〈一九六二〉、祖田〈二〇〇〇〉）。再び、科学論・学問論が要請されているのではないか。

これまで小倉にはしばしば言及したものの、シンプソンのアドバイス――「日本農業の個性を深く認識せよ」「世界の常識的学知をふまえよ」――に直接答えることはなかった。本章全体を氏への回答にしたい。

注

（1）紙数の制約上あいまいにしているが、本来は、「戦後改革期」と「高度経済成長期」を明瞭に区別して論じるべきである。「戦後」には独自の意味があり「戦時」を「高度成長期」に直結してはいけないのである。「戦後」から「高度成長期」にかけての農地価格問題の性格変化をシャープにとらえたのが梶井（一九七九）である。梶井にしたがって、戦後農地価格問題（とくに政策対応）の変化を概括すればおよそ次のように言える（一八一～一八五頁）。

①農地改革途上では買収の必要上地価は凍結しておかなければならず、農地調整法により地価統制が実施されてきた。地価が上昇したら困るという問題意識はポツダム政令に引き継がれ、その第七条に農地調整法第四条に基づき地価抑制に取り組むこととしていた。

②しかしポツダム政令が地価抑制の根拠とした農地調整法第四条第4項の規定自体は農地法第三条第3項にそのまま引き継がれたものの、価格統制機能をもたせるのは妥当ではないとの、ポツダム政令のときの措置とは正反対の解釈が示された。これにより、地価統制の思想は、農地法になってなくなった。

③ただ現実をみれば、一方では種々の戦時統制が撤廃されていく時期であり、他方では改革直後のことで農地は動かず、統制の惰性もあり一九五二年頃までは地価も低かった。したがって法解釈とは別に、農地法をつくる段階では地価統制を織り込める政治状況にはなかったし、織り込む必要にも乏しかった。

④他方、今後の地価高騰を憂うる声(帝国議会でも質問がなされていた)に対しては、一貫して「農地法第三条3項の〈条件をつける〉ことで制限できる」と回答していた。

⑤その後の事態の展開は、まさに「価格について全面的に再統制する立法措置」をとる「必要」を生んだのだが、農政からはついにその対応は出なかった。

なお梶井は、このような不可解な経緯をたどったことに関して、「地価の高騰を歓迎するような大きな力があったのかもしれない」という趣旨の発言を行なっている。戦後農政史が明らかにすべき重要問題の一つであろう。

(2) 戦時下においても、「部落責任供出制度により供出率は上昇し割当量を上回った」(大鎌二〇〇三)という実績があった。ムラは国家の要請によく応えたのである。

(3) 第二章でみたように、中耕除草農業の個性は、作物(労働対象)選択幅と多毛作可能性の大きさおよび肥培管理(技能と労働対象)の重要性であった。

(4) 最新の諸成果としてここでは、『アジア遊学　一四五　帝国崩壊とひとの再移動』勉誠出版、二〇一一年所収の中山(二〇一一)・森(同)・安岡(同)ほかの諸論考をあげておきたい。

（5）正村（二〇〇六）は、科学という言葉が自然科学をモデルにするような科学主義的バイアスを社会科学にもたらすことを排除するために、「社会研究」という表現を用いている。馴染みができればこれでもよいかもしれない（四頁）。経済学からこのような主張が生まれてきたことが興味深い。

〈引用文献〉


牛島史彦『〈農村と国民〉柳田國男の国民農業論』（本シリーズ第一巻）農山漁村文化協会、二〇一一年。

大鎌邦雄「戦時統制政策と農村社会」野田公夫編著『戦後日本の食料・農業・農村　第一巻　戦時体制期』農林統計協会、二〇〇三年。

小倉武一『日本農業は生き残れるか（上）』農山漁村文化協会、一九八七年。

梶井功『土地政策と農業』（シリーズ「今日の農業問題」第六巻）家の光協会、一九七九年。

柏祐賢『農学原論』養賢堂、一九六二年。

楠本雅弘『進化する集落営農』（シリーズ「地域の再生」第七巻）農山漁村文化協会、二〇一〇年。

小池恒男「日本農業の主軸となる作目と水田農業の展開方向―水田高度利用促進法の制定を―」藤谷築次編著『日本農業と農政の新しい展開方向』昭和堂、二〇〇八年。

坂根嘉弘『〈家と村〉日本伝統社会と経済発展』（本シリーズ第三巻）農山漁村文化協会、二〇一一年。

祖田修『農学原論』岩波書店、二〇〇〇年。

高久嶺之介『近代日本と地域振興―京都府の近代―』思文閣出版、二〇一一年。

谷口信和・梅本雅・千田雅之・李侖美『水田活用新時代』（シリーズ「地域の再生」第一六巻）農山漁村文化協会、二〇一〇年。

東畑精一『日本農業の展開過程』岩波書店、一九三六年。

中山大将「二つの帝国、四つの祖国―樺太／サハリンと千島／クリル」『アジア遊学一四五　帝国崩壊とひとの再移動―引揚げ、送還、そして残留―』勉誠出版、二〇一一年。

野田公夫『戦間期農業問題の基礎構造―農地改革の史的前提―』文理閣、一九八九年。

野本京子『〈市場と農民〉「生活」「経営」「地域」の主体形成』(本シリーズ第二巻)農山漁村文化協会、二〇一一年。

原洋之介『北の大地・南の列島の「農」』書籍工房早山、二〇〇七年。

平野哲也『江戸時代村社会の存立構造』お茶の水書房、二〇〇四年。

正村公宏『人間を考える経済学―持続可能な社会をつくる―』NTT出版、二〇〇六年。

村田武「EUの農村と農業―南ドイツを事例に―」梶井功編著『「農」を論ず―日本農業の再生を求めて―』農林統計協会、二〇一一年。

森亜紀子「ある沖縄移民が生きた南洋群島―要塞化とその破綻のもとで―」『アジア遊学一四五　帝国崩壊とひとの再移動―引揚げ、送還、そして残留―』勉誠出版、二〇一一年。

安岡健一「戦後開拓と戦後海外農業移民」『アジア遊学一四五　帝国崩壊とひとの再移動―引揚げ、送還、そして残留―』勉誠出版、二〇一一年。

柳田國男「中農養成策」『中央農事報』全国農事会、一九〇四年、藤井隆至編著『柳田國男　農政論集』法政大学出版局、一九七五年。

同　「農業界に於ける分配問題」『経済論集』一九〇二年、同上。

同　「自治農政」『日本農業雑誌』第一〇号、一九〇六年、同上。

同　「土地と産業組合」『産業組合』第三〇・三二・三七・三八・三九号、一九〇八年・一九〇九年、同上。

山下一仁『農業ビッグバンの経済学』日本経済新聞出版社、二〇一〇年。

あとがき

一

本書はこの十数年来の私の問題関心と散発的に発表してきた仕事を軸にして、新たに稿をおこしつつ一書をなすよう書き改めたものである。問題関心はほぼ一貫していたが、それをどのようなかたちで編むことができるのか、本書の企画が立ち上がった二〇〇六年時点でも十分見通せていなかった。一つの「ふん切り」をつけてくれたのが、「日本農業のベースライン」を共通テーマにして行なわれた二〇一一年日本農業経済学会シンポジウムで「農業構造改革の類型論的検討」(野田二〇一一)と題する報告を担当させていただいたことであった。当初与えられたテーマは「農業構造改革の風土論的検討」であったが、自然(もちろん風土は「歴史的風土」であり単なる自然ではないが)とともに社会の規定性を強く意識していた私は、これらを含む意味で「類型論的検討」に変更させていただいた。その際にイメージしたのが、「自然」および「社会」とそれらを包み込む「場」である世界経済におけるポジションという三つの規定性を柱にして問題を考えることであり、歴史と現状をつなぐため双方に造詣が深い小倉武一の発した「問い」を導入に使うことであった。本書でもその大枠を採用することにした。「農業構造改革」(日本農業経済学会シンポ)と「日本農業の発展論理」(本書)とではテーマ設定に大きな違いがあるが、私にとっては同じ問題の両面のように思われたからである。シンポジウム会場において「今日の報告では舌足らずだから書物にまとめてほしい」という類の声に接したことも、「ふん切り」にはずみをつけた。期せずして本書の企画は、そのアドバイスに最短でお応えできるよい機会となったと思われたのである。タイミングに恵まれたことを感謝したい。

二

既発表論文の一部を原形に近いかたちで使ったところはあるが、論文全体を使ったものはない。いずれの章も全体を書き直すとともに、既存論考相互を大きくシャフルすることにもなった。もちろん終章は、補章を含む七つの章に対応してとりまとめた全くの書き下ろしである。個別論文を発表しているだけでは直面しない「諸論点の相互連関を問う」「各々の切り口を超えた全体像をどう把握するか」などという別途の課題を突き付けられたのは幸いであった。

本書では、日本農業発展論理を、先に述べた「三つの規定性」を軸に、「比較」および「変化」という観点を重視しつつ論述した。

私自身が(世界規模での)「比較」という論点を最初に活字にしたのは、「近代土地改革と小経営―第二次世界大戦後における土地改革の比較史の試み―」(『新しい歴史学のために』二〇五号、一九九二年)である。これ自体はすでに陳腐化しているから参考文献にもあげていないが、「通説」として聳え立っていた山田盛太郎「世界史の五段階」論をふっ切れた思いがして印象深く記憶にとどまっている。その後、大学院比較農史学演習でトッドの著作(一九九八年に『新ヨーロッパ大全』上下、二〇〇二年に『移民の運命―同化か異化か―』)を読んだことが、「比較」視点を他の諸問題にも広く及ぼして考える出発点になった。この間いくつかの日本通史が発刊されたが、それらに共通する印象は、日本という社会空間のもつ個性(特異性でもいい)に対する自覚が極めて薄い、ということであった。通史としての時系列的変化を説くこと、および考察領域は広がり緻密化し巧みになっているにもかかわらず、かかる変化をおこしている「日本という場」に対する関心が意外なほど乏しいのである。本書は、農業という一領域からであるが、「日本という場」の性格を問題にしたものでもある。

他方、「変化」という契機に自覚的に注目し、「現状」研究との接点を模索したいという気持ちを最初に活字にしたのは、「日本小農論のアポリア―小農の土地所有権要求をどう評価するか―」(今西一『世界システムと東アジア』日本経済評論社、二〇〇八年、所収)であった。ここで「アポリア(並び立たない命題)」とよんだのは、「戦前期日本農民の一貫した農地所有権要求(その最終段階としての農地改革)」と、「強すぎる土地所有権こそが農業再構成の障害だと認識されている現在」との間にある深い断絶のことである。いつまでも「アポリア」として放置するのではなく(現実をアポリアと称すること自体が学の怠慢でもあろう)、この二つの時期と論理のギャップを「(未来につながる)変化」として説明すべきであると思ったのである。

そして本書冒頭に配した「農法」は、私が大学院に進学した当時のゼミで輪読し討議を重ねてきたテーマであった。今、農法などという用語は農業史研究においてすらほとんど聞かれなくなってしまったが、モノおよびモノづくり(すなわち「実体」)に対する関心が社会性を失い個人の領域に収斂しつつあるのだとすれば私にはやや心もとない。だから本書ではつとめて、農法を農法で終わらせず種々の社会現象との脈絡を論じることを心掛けた(やや行き過ぎているかもしれない)。ヒトを真正面から見つめられるようになったことは近年の知が獲得した大きな豊かさであるが、さらに「ヒトとともにモノを、すなわち両者を〝関係〟としてみる」ことができるよう、知の幅が広がってほしいという期待がここにはある。

なお本書では、叙述にあたり膨大な研究史に依存しているにもかかわらず、直接引用した文献以外、一切省かざるをえなかった(あたかも「自分の言葉」のように書いている部分自体が、実は多数の名著を学んだ産物である)。したがって、学恩の大きさにもかかわらず、お名前・お仕事を全く記していないという極端な不均衡が数多生じてしまった。まことに忸怩たるところであるが、制約された表現形式のもとでのやむをえざる選択として、どうかお許しいただきたいと思う。

三

最後に、本書にかかわる皆さん方にお礼を申し上げる。

本企画を発案された農山漁村文化協会編集部の本谷英基さん、本谷さんの提案に真正面から応えられた野本京子さん、および編集全体にかかわってお世話になった金成政博さんには、よい機会を与えていただいたことに改めて感謝申し上げる。野本さんはじめ、牛島史彦さん、坂根嘉弘さん、足立泰紀さんには、アットホームな研究会をつくりあげていただいた。また坂根さんには原稿を通読し幾多のコメントをいただいた。あわせて感謝申し上げる。

なお、大学院比較農史学演習の参加者である若い研究者の仕事を多々使わせていただいた。日頃馴染みがあるので「理解もしており使いやすかった」ことが事情の半分であるが、それだけではない。本書に与えられた役割は、「名著に学ぶ」本シリーズ他の四巻をふまえ「日本農業の発展論理」を考えるという「冒険」をすることであったが、それは、「日本農政(論)」が「現実」の前に「敗北」を重ねてきた今日、「農をめぐる社会科学の知のあり方」自体を考え直すことにほかならなかった。そのように考えていた私にとっては、若い人たちが日常的に与えてくれるさまざまな時代/世代/個性の刺激こそが、思考をすすめるための「小さな名著たち」であったのである(むしろ、これらの新しい知の力を十分本書に汲み取れていないことを恥じている)。「農」(広くいえば人と自然のかかわり)は古い(古くからある)ものであるが、それをどのように位置づけ直すかがこれからの「時代の質」の重要な部分を決めるであろうと思う。若い人たちが、それぞれの「小さな名著」を「大きな名著」に育てつつ、多様な視点からかかる討議の場に参加していってくれることを願っている。

野田　公夫

二〇一二年五月

[著者略歴]

野田　公夫（のだ　きみお）

1948 年，名古屋市生まれ。京都大学大学院農学研究科博士課程修了。農学博士（京都大学）。
島根大学農学部を経て京都大学農学部。現在，京都大学大学院農学研究科教授（比較農史学）。

〈著書・論文〉

単著『戦間期農業問題の基礎構造―農地改革の史的前提―』（文理閣，1989 年）

編著『戦後日本の食料・農業・農村 1　戦時体制期』（農林統計協会，2003 年）

編著『生物資源問題と世界』（「生物資源から考える 21 世紀の農学 7」京都大学学術出版会，2007 年）

シリーズ 名著に学ぶ地域の個性 5

<歴史と社会> 日本農業の発展論理

2012 年 6 月 30 日　第 1 刷発行

著　者　　野田　公夫

発行所　　社団法人　農山漁村文化協会
郵便番号　107-8668　東京都港区赤坂7丁目6-1
電話 03(3585)1141(営業)　03(3585)1145(編集)
FAX 03(3585)3668　　振替 00120-3-144478
URL http://www.ruralnet.or.jp/

ISBN978-4-540-11240-9
<検印廃止>

製作／森編集室
印刷／藤原印刷(株)
製本／(株)渋谷文泉閣
定価はカバーに表示

〈シリーズ「名著に学ぶ地域の個性」刊行の趣旨〉

本シリーズの問題関心の根底には、戦前期、日本農業や農村についてどのようなビジョンが描かれてきたのか、それが現在の農業や農村の現実とどのようにかかわっているのかという問いがある。明治・大正期に刊行された農政・農村経済に関する著作およびその主張にもとづく実践には、現代の農業や農村、さらにはポスト産業化社会を考えるうえで手がかりになる有効な視角が提示されていると思われる（たとえば『明治大正農政経済名著集』所収の著作）。

とりわけ、学問としての「農業経済学」が体系化（確立）する以前の研究（農政論）には、学問的に洗練されていない場合があるにせよ、農業や農村がもっている本質的なものに迫ろうという姿勢がみられたのではないか。たとえば、社会政策学会『小農保護問題』、新渡戸稲造『農業本論』や河上肇『日本尊農論』『日本農政学』、柳田國男『最新産業組合通解』『時代ト農政』、そして那須皓『農村問題と社会理想』などである。また、研究者以外にも、産業組合を牽引していった千石興太郎や、協同組合運動や農民運動などの多様な実践活動にかかわった賀川豊彦なども、現実の農業・農村そして農民を見据えたうえで、独自の農業論・農村論を展開していたのではないか。

今回の企画では昭和戦前期に刊行された農政論も視野に入れつつ、農業経済学が体系化される以前、および体系化の途上にあった時期の論考および実践活動の意味・意義を時代の磁場のなかで読み解き（再評価）、今日に示唆する点について考えることを課題とした。

その際に留意したいのは、「再評価」といっても、歴史的状況（時代的制約）を無視ないし軽視するのではなく、当時の現実を踏まえたうえでということを前提としたい。そのうえで、農政論については(一)農(自然)の工(商品)に対する独自性がどのように認識されているか、(二)自然条件や土地所有などの社会的条件についてどのように認識されているか、(三)世界における日本農業の独自性や個性についてどのように把握され、農業論として展開しているか、といった論点に注目したい。たとえば、著者たちは当時、どのように「農業」の社会的役割をとらえ、何を問題として考え、その著書および活動事蹟を通じてどのようなビジョン、打開策を提言しているのか。彼らの描いた展望は、その後、現在に至る経済発展のあり方や人と人、そして地域とのつながりを含む歴史過程とどのように切り結ぶことになったのか。

本シリーズは上記の問題意識を共有したうえで、執筆者それぞれが柱となるテーマを設定し、課題に迫ろうという試みである。ただし、各巻の著者の問題関心の焦点のあて方やその検証方法は一様ではない。またシリーズ名にある「地域の個性」の含意するところも、ある時代、ある地域の村落社会を意識している場合もあれば、アジアそして世界のなかでの日本の農業や農村という観点から、その個性を論じている場合もある。本シリーズが、農業・農村をめぐる議論にわずかなりとも幅と奥行きを付け加えることができれば幸いである。

本企画は二〇〇六年八月の第一回編集会議兼研究会を起点とするが、年に一～二回のペースで研究会を開催し、そこで上記の課題を念頭においたうえで、各自の構想を報告し合い、シリーズとしての方向性を模索してきた。なおこの間、研究会を開催するにあたり、二〇〇八年度から三年間、文部科学省科学研究費(基盤研究(C)「日本農政論の歴史的個性」代表　野本京子)の助成を受けた。

農文協ブックレット

農文協ブックレット 1

TPP 反対の大義

A5 判 144 ページ

800 円 + 税

TPP への参加が農林水産業や地方経済に大きな打撃を与え、日本社会の土台を根底からくつがえす希代の愚策であることを理論的、実証的に解明。TPP に反対する全国民的な大義を明らかにした反 TPP の先駆書。

宇沢弘文、田代洋一、鈴木宣弘、内山節、山下惣一、関曠野、蔦谷栄一、小田切徳美、安藤光義、柳京熙、生活クラブ連合会、大地を守る会、パルシステム連合会、JF 全漁連、全国町村会長ほか著

農文協ブックレット 2

TPP と日本の論点

A5 判 176 ページ

800 円 + 税

政治、経済、財政、金融、地方自治、労働規制緩和、食、医療（保険）、生物多様性、環境、農業など TPP がもたらす万般の問題を徹底分析。

■ Part1　政治、経済、財政、金融、地方自治

山口二郎、松原隆一郎、中野剛志、三橋貴明、岡田知弘、高端正幸、孫崎享、菊池英博、東谷暁、関岡英之

■ Part2　医療、食、労働、地域、環境

二木立、日本医師会、安田節子、高橋伸彰、関岡英之、鷲谷いづみ、広井良典

■ Part3　農業、農村

野田公夫、田代洋一、太田原高昭、高谷好一、原洋之介

農文協ブックレット 3

復興の大義

—被災者の尊厳を踏みにじる新自由主義的復興論批判

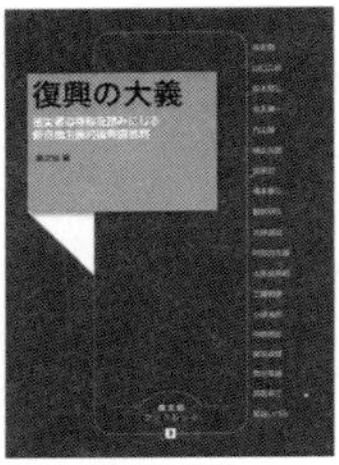

A5 判 180 ページ

900 円 + 税

政府・財界の、復旧をないがしろにした「創造的復興」論の欺瞞と不道徳を批判し、被災者・被災地の「歴史と主体」に即した真の復旧・復興とは何かを明らかにする。

高史明、山口二郎、鈴木宣弘、宮入興一、内山節、横山英信、工藤昭彦、富田宏、太田原高昭、小泉浩郎、中野剛志、富岡幸雄、菊池英博、鷲谷いづみ、JF 全漁連、岩手・宮城漁協ほか著。

農文協ブックレット 4

よくわかる TPP48 のまちがい

A5 判　124 ページ　800 円 + 税

推進派の主張を 48 に整理し、そのまちがいを一つひとつ丁寧に解説。

鈴木宣弘・木下順子著

農文協ブックレット 5

脱原発の大義

—地域破壊の歴史に終止符を

A5 判 172 ページ

800 円 + 税

脱原発を、持続可能な地域社会をつくる展望と併せ追求

鎌田慧、岡田知弘、槌田敦、諸富徹、中島紀一、古沢広祐、飯田哲也、山下惣一ほか著